U0313188

国家自然科学基金项目（31560131）

泸州职业技术学院高层次人才科研启动经费项目（ZLYGCC202102）支持

典型干旱资源开发型区域
生态效率评估及提升策略分析
——以新疆为例

周旭东 ○ 著

西南财经大学出版社
Southwestern University of Finance & Economics Press

中国·成都

图书在版编目(CIP)数据

典型干旱资源开发型区域生态效率评估及提升策略分析:以新疆为例/周旭东
著.—成都:西南财经大学出版社,2021.7
ISBN 978-7-5504-4884-1

Ⅰ.①典…　Ⅱ.①周…　Ⅲ.①矿产资源开发—区域生态环境—研究—新疆
Ⅳ.①X322

中国版本图书馆 CIP 数据核字(2021)第 116041 号

典型干旱资源开发型区域生态效率评估及提升策略分析——以新疆为例
DIANXING GANHAN ZIYUAN KAIFAXING QUYU SHENGTAI XIAOLÜ PINGGU JI TISHENG CELÜE FENXI-YI XINJIANG WEI LI
周旭东　著

责任编辑:李才
封面设计:何东琳设计工作室
责任印制:朱曼丽

出版发行	西南财经大学出版社(四川省成都市光华村街55号)
网　　址	http://cbs.swufe.edu.cn
电子邮件	bookcj@ swufe.edu.cn
邮政编码	610074
电　　话	028-87353785
照　　排	四川胜翔数码印务设计有限公司
印　　刷	郫县犀浦印刷厂
成品尺寸	170mm×240mm
印　　张	12
字　　数	220 千字
版　　次	2021 年 7 月第 1 版
印　　次	2021 年 7 月第 1 次印刷
书　　号	ISBN 978-7-5504-4884-1
定　　价	78.00 元

摘要

新疆是全国干旱地区和资源型地区的代表，总面积约占全国的 1/6，其中沙漠面积约占全国沙漠总面积的 60%，干旱缺水，自然生态资源匮乏，生态环境极其脆弱；同时又是全国资源大省区，储存大量煤炭、石油和天然气等矿产资源，在全国居领先地位。这两方面特点却又极大地制约着新疆经济的发展，导致区域发展不平衡、产业发展规模受限制和生态环境遭到破坏等后果。为了有针对性地解决这些问题，本书以 2001—2015 年连续 15 年新疆 14 个地州市农业、工业和综合面板数据为样本，采用超效率 DEA 模型法，投入端采用资源类和环境类指标，产出端采用经济类指标，构建符合新疆实际的生态效率评价指标体系；从省级层面、区域层面和地州市层面对农业、工业和综合生态效率时空分布、变化特征进行连续的、较为全面的测度分析；通过 Malmquist 指数分析全要素生产率、综合技术效率、技术效率、规模效率等重要指标的动态变化及其对生态效率的促进和制约机制；从投入产出冗余角度对生态效率损失原因进行分析并提出改善途径；运用 Tobit 模型研究生态效率的影响因素，并探究各因素对生态效率的作用机制；最后根据上述论证分析结果提出有针对性的生态效率提升策略，以期为新疆生态文明建设和绿色可持续发展提供依据。具体研究结论如下：

1. 新疆农业生态效率

（1）与全国其他省区市相比，新疆农业生态效率水平低下。与全国各省区市横向比较发现，新疆农业生态效率为 0.67，在全国排名第 28 位，仅为第 1 名海南的 1/3，即便与西北其他省区相比，也处于落后位置，说明新疆总体农业生态效率仍然较低，且在全国处于落后地位。

（2）空间分布不平衡。通过对新疆 14 个地州市间农业生态效率的比较可知，最高为 3.68，最低为 0.71，最高约为最低的 5.18 倍，北疆、东疆和南疆三个片区连续 15 年的农业生态效率平均值分别为 1.30、1.39、1.07，全部都达到有效生产前沿面，其中东疆>北疆>南疆，存在明显差异，说明地区间农业发展存在空间分布不平衡性。同时，14 个地州市中只有克拉玛依市、吐鲁番市、喀什地区和巴州这 4 个地州市农业生态效率值大于 1，达到有效生产前沿面，说明大部分地区农业生态效率水平偏低。

（3）从时间序列分析，农业生态效率虽然有小的波动，但总体呈现逐年上升趋势，从 2001 年的 0.62 至 2012 年的 1.03，再到 2012—2015 年连续 4 年农业生态效率都大于 1，达到有效生产前沿面；从"十五"期间的 0.68 到"十一五"期间的 0.76，再到"十二五"期间的 1.01，农业生态效率得到了阶段性提升，逐步实现了从无效状态到有效生产前沿面，说明新疆这些年通过自身在发展中调整以及借助中央新疆工作座谈会和 19 省市援疆等国家扶持政策，用三个五年时间逐步实现了农业生产经济增长和资源节约、环境保护的协调发展。

（4）通过 Malmquist 指数分析，发现技术进步对促进农业生态效率提升起到了关键作用，对农业生态效率提高贡献很大；而技术效率指数对农业生态效率的提升起着制约作用。因此提升农业生态效率的关键是加大农业技术研究和扶持推广力度，同时要提高农业技术应用水平、控制投入规模，减少化肥、农药等的过度使用，减少资源浪费。

（5）从投入产出冗余分析可知，造成新疆农业生态效率损失的原因并不是农业产出的不足，而是资源消耗过多和环境污染物排放过量。从冗余率均值高低来看，造成农业生态效率损失的主要影响因素为 COD 排放量、有效灌溉面积、氨氮排放量、农村播种面积、农村劳动力人数。

（6）从影响因素分析，农业产业结构、人均农业 GDP、财政支农力度与农业生态效率呈显著正相关关系，对农业生态效率起促进作用；而目前的工业化发展水平、机械密度与农业生态效率呈显著负相关关系，对农业生态效率起抑制作用。因此各地区应从调整农业产业结构、加大财政支农力度和增加农民收入等方面着手，促进资源合理配置，提升农业生态效率。

2. 新疆工业生态效率

（1）与全国其他省份相比，新疆工业生态效率水平低下。新疆工业生态效率为0.73，在全国排名第28位，约为第1名海南的16.44%，约为平均值的56.59%，与西北其他省区相比，位于甘肃、宁夏之前，也位于同是资源开发大省的山西之前，但在全国仍处于落后位置，说明新疆总体工业生态效率仍然较低。

（2）空间分布存在不平衡性。14个地州市工业生态效率值最高的为8.97，最低的为0.59，前者约为后者的15.20倍，平均值为1.86；北疆、东疆、南疆连续15年的工业生态效率平均值分别为2.04、2.85、1.21，东疆>北疆>南疆，存在明显差异，说明地区间工业经济发展存在不平衡性。14个地州市中克拉玛依市、吐鲁番市、克州、巴州、阿勒泰地区、和田地区6个地州市工业生态效率达到有效生产前沿面，占42.8%，大部分地区工业生态效率水平偏低。

（3）从时间序列变化趋势分析，从2001年到2015年，新疆工业生态效率总体呈波动式上升趋势；从"十五"期间的0.75到"十一五"期间的1.00再到"十二五"期间的1.08，一直处于上升状态，尤其从2010年"十一五"末开始，工业生态效率一直都稳定在1以上，保持在有效生产前沿面。

（4）通过超效率DEA模型和CCR模型比较分析可知，利用超效率DEA模型计算和测定生态效率值更加精确，在大于1达到有效生产前沿面后，仍可以继续精确计量，有利于地区间排名和差距的定量化分析。

（5）分析Malmquist各指数，发现目前的技术进步指数对生态效率起到主要制约作用，技术效率指数是促进因素。这说明新疆工业技术应用水平一直保持增长状态，而工业技术的引进和研发力度不够，有待加强。

（6）从投入产出冗余分析，造成工业生态效率损失的主要影响因素依次为工业二氧化硫排放量、工业氮氧化物排放量、工业废气排放量、工业用电总量、工业用水总量。可以看出，全区各地的大气污染物排放存在严重过量问题。

（7）从影响因素分析，工业发展水平、科技创新、工业结构、环境规划与工业生态效率呈正相关关系，对工业生态效率起促进作用；而对外开放、产业集聚度与工业生态效率呈负相关关系，对工业生态效率起抑制作用。因此若要进一步提升工业生态效率，需大力加快工业经济发展速度，提高工业企业技术研发水平，加大推广力度，加强环境规划和环境保护管理，合理引进外商投资。

3. 新疆综合生态效率

（1）与全国其他省区市相比，新疆综合生态效率水平低下，资源配置不合理。新疆综合生态效率在全国排名第 31 位，仅为 0.562 2，约为平均值的 60.19%，约为第 1 名北京的 23.11%，说明新疆综合生态效率还十分低下。将生态效率解构成资源效率和环境效率来看，资源效率排名全国第 30 位，仍然十分低下，但环境效率排名有所上升，为全国第 22 位，排名提升 9 位。这说明新疆生态效率低下主要由资源效率低下造成，资源配置不合理，资源消耗量大，高耗能仍然是新疆经济发展的特征和现状。

（2）空间分布不平衡。北疆、东疆、南疆的生态效率值分别约为 1.61、1.17、0.81，北疆>东疆>南疆。比较 14 个地州市的生态效率，可以发现最高约为 4.19，最低为 0.48，前者约为后者的 8.71 倍，地区间生态效率差异较大，且 14 个地州市中只有克拉玛依市和吐鲁番市两地生态效率值大于 1，达到有效生产前沿面，说明大部分地区生态效率水平偏低。

（3）进行时间变化分析，发现自 2001 年到 2015 年，新疆全区生态效率持续波动，最终有约 5.7% 的小幅提升。从三个五年计划变化情况分析，生态效率从"十五"期间的 0.988 1 到"十一五"期间的 1.063 8 再到"十二五"期间的 1.064 3，呈阶段小幅上升趋势。

（4）将生态效率解构成资源效率和环境效率分析，根据资源效率和环境效率的高低差异组合，可将新疆各地区发展模式分为四种：低能耗、低排放模式；高能耗、低排放模式；低能耗、高排放模式；高能耗、高排放模式。

（5）通过 Malmquist 指数分析，发现技术进步指数影响和制约生态效率的提升，而技术效率指数对生态效率起到促进作用。所以进一步加强新技术的引进和研发是提升生态效率的关键。

（6）从投入产出冗余分析，造成生态效率损失的主要原因并不是产出的不足，而是资源消耗过多和环境污染物排放过量。造成生态效率损失的主要影响因素依次为 COD 排放量、氨氮排放量、水资源投入和劳动力投入。可以看出，全区各地的用水总量和排水总量都存在严重过量问题，在干旱区如何节约水资源是个根本问题，对水资源的分配和利用进行改进刻不容缓。

（7）从影响因素分析，外资利用、城镇化率、平均受教育水平、第三产业比重与生态效率呈正相关关系，而目前实施的环境政策、市场化程度与生态效率呈负相关关系。因此，今后要想进一步提高新疆的生态效率，确保环境、经济、社会协调可持续发展，必须做好以下工作：一是加大城镇化建设力度；二是进一步增加科技投入，提升科学技术研发和应用水平；三是调整环保政策，使之更有针对性和成效；四是加强对非公有制企业经营的管理；五是鼓励对新疆可持续发展有利的外商投资；六是调整优化产业结构，逐渐增加第三产业比重。

4. 新疆生态效率提升策略

在生态效率实证研究的基础上，梳理出农业生态效率、工业生态效率、综合生态效率研究中存在的问题，并从积极调整产业结构、促进产业结构优化升级，转变经济发展方式、推进经济转型、提高经济质量，加强科技创新、引进新技术，积极利用外资、提高外资引进质量，加强环境规划和环境保护管理五个方面分析探讨了提升新疆生态效率的若干途径和方案，以期为推动建设"天蓝地绿水清"的"大美新疆"提供重要依据和指导。

关键词： 干旱资源型区域；新疆；生态效率；超效率 DEA 模型；提升策略

Abstract

Xinjiang is a representative of arid and resource-based areas in China, covering about one-sixth of the country's land area, but desert covers about 60% of the country's total desert area. Xinjiang is short of water, lacks natural ecological resources, and the ecological environment is extremely fragile. It is also a region rich in natural resources and has a large amount of coal, oil, natural gas, and various kinds of mineral resources. However, these two characteristics greatly restricted the economic development of Xinjiang, resulting in unbalanced regional development, mineral exhaustion, restrictions on the scale of industrial development, ecological and environmental damage, and other consequences. To solve these problems pertinently, we collected agricultural, industrial, and the comprehensive panel data of 14 prefectures in Xinjiang from 2001 to 2015, and construct the ecological efficiency evaluation index system using the super-efficiency DEA model in which the resource consumption and environmental pollution were set as input indicators and economic value as output indicators. The spatial and temporal distribution and change characteristics of agriculture, industry and comprehensive eco-efficiency were continuously and comprehensively measured and analyzed at the provincial level, regional level and prefectural level. Malmquist index was used to analyze the dynamic changes of important indexes such as total factor productivity, comprehensive technical efficiency, technical efficiency and scale efficiency, and the mechanism of promoting and restricting ecological efficiency. The causes of ecological efficiency loss were analyzed from the perspective of input-output redundancy and improvement approaches are proposed. The influencing factors on ecological efficiency and the mechanism of these factors on ecological efficiency were studied with the Tobit model. Finally, we put forward targeted strategies for improving ecological efficiency according to the above results, so as to provide a basis for ecological civilization construction and green and sustainable development in Xinjiang. The specific conclusions are as follows:

1. The Agricultural Ecological Efficiency of Xinjiang

(1) Compared with other areas in China, the agricultural ecological efficiency of Xinjiang is low. The agricultural ecological efficiency of Xinjiang is 0.67, ranking the 28th in China, which is only 1/3 of that of Hainan. Even compared with the five provinces or regions in northwest China, Xinjiang is still in a backward position, indicating that the overall agricultural ecological efficiency is still low and is lagging in the country.

(2) Unbalanced spatial distribution. The comparison of the agricultural ecological efficiency among the 14 prefectures in Xinjiang shows that the lowest ecological efficiency value was 0.71, the highest was 3.68, about 5.18 times that of the former. The average value of agriculture ecological efficiency of northern Xinjiang, eastern Xinjiang, and southern Xinjiang were 1.30, 1.39, 1.07, all of which achieved the efficient production frontier. The obvious differences among the three regions showed that the spatial distribution of agricultural development among regions was unbalanced. Among the 14 prefectures, only 4 prefectures (Karamay, Turpan, Kashgar, and Bazhou) had an agricultural ecological efficiency value greater than 1 and reached the effective production frontier, indicating that the level of ecological efficiency in most areas was relatively low.

(3) The time series analysis from 2001 to 2015 shows that although the agricultural ecological efficiency has a small fluctuation, it presents an overall trend of the increasing year by year. From 0.62 in 2001 to 1.03 in 2012, and from

2012 to 2015, the agricultural ecological efficiency has been greater than 1 for four consecutive years, reaching the effective production frontier. The value raised from 0.68 during the "10th five-year plan" to 0.76 during the "11th five-year plan", then to 1.01 during the "12th five-year plan". The agricultural ecological efficiency was gradually improved, from the ineffective state to the effective production frontier. These indicated that Xinjiang realized the economic growth of agricultural production, resource conservation, and environmental protection during the three five-year plans through adjustments in development with national support policies such as the Central Xinjiang Work Symposium and assists from 19 provinces.

(4) Through Malmquist index decomposition analysis, we found that the technology progress index contributed the most to the improvement of agricultural ecological efficiency and was the promoting factor for the improvement of agricultural ecological efficiency, while the technical efficiency index restricted the increasing of agricultural eco-efficiency. Therefore, the key to improving agricultural ecological efficiency is to strengthen agricultural technology research and support and promotion. Secondly, it is necessary to improve the application level of agricultural technology, control the scale of input, reduce the excessive use of fertilizers and pesticides, and reduce the waste of resources.

(5) The input-output redundancy analysis showed that the reason for the loss of agricultural ecological efficiency of Xinjiang was not the lack of agricultural output, but the excessive consumption of resources and excessive discharge of environmental pollutants. The average redundancy rate revealed the main factors causing the loss of agricultural ecological efficiency were COD emissions, effective irrigation area, ammonia nitrogen emissions, sown area, and the number of the rural labor force.

(6) The influencing factors analysis revealed that the agricultural industrial structure, the per capita GDP, the financial support was significantly positively

related to the agricultural ecological efficiency which had promotion effects to the later. In contrast, the current development level of industrialization, the density of machinery was significantly negatively with the agricultural ecological efficiency which inhibited the agricultural ecological efficiency. Therefore, all regions should adjust the structure of the agricultural industry, increase financial support for agriculture, boost farmers' income, and other aspects to promote the rational allocation of resources and improve agricultural ecological efficiency.

2. The Industrial Ecological Efficiency of Xinjiang

(1) Compared with other areas in China, industrial ecological efficiency was low. The industrial ecological efficiency of Xinjiang was 0. 73, ranking the 28th in China, about 16. 44 percent of that of Hainan, and about 56. 59 percent of the national average. Among the five provinces or regions in northwest China, industrial ecological efficiency in Xinjiang was higher than that of Gansu, Ningxia, and Shanxi Province. Across the country, industrial ecological efficiency in Xinjiang was still at the bottom place, showing that the overall industrial ecological efficiency was relatively low.

(2) The spatial distribution was unbalanced. The comparison of industrial ecological efficiency in the 14 prefectures in Xinjiang revealed that the highest was 8. 97, and the lowest was 0. 59, with an average value of 1. 86. The 15 years average industrial ecological efficiency in northern Xinjiang, eastern Xinjiang and southern Xinjiang was 2. 04, 2. 85, and 1. 21, respectively. They all reached the efficient production frontier, but there were obvious differences between the three regions, which showed that there was an unbalance in the development of the industrial economy of Xinjiang.

(3) From 2001 to 2015, the overall industrial ecological efficiency of Xinjiang showed a fluctuated upward trend. The ecological efficiency rose steadily from 0. 75 during the 10th five-year plan period to 1. 00 during the 11th five-year plan period and then to 1. 08 during the 12th five-year plan period, the ecological

efficiency kept above 1 and maintained at the frontier of effective production since the end of the 11th five-year plan period in 2010.

(4) The comparative analysis between the super-efficiency DEA model and CCR model showed that the ecological efficiency value calculated and measured by the super-efficiency DEA model was more accurate, and it could even work well after reaching the effective production frontier with a value greater than 1. 00, which was conducive to the quantitative analysis of regional ranking and disparity.

(5) The Malmquist index decomposition analysis found that the technology progress index was the primary factor restricting the total factor productivity, while the technical efficiency and pure technical efficiency index were the promoting factors. It indicated that the application level of industrial technology of Xinjiang was growing, while the introduction and research & development of industrial technology were not enough, and need to be strengthened.

(6) The input-output redundancy analysis indicated that the main factors causing the loss of the industrial ecological efficiency were industrial sulfur dioxide emissions, industrial nitrogen oxides emissions, industrial waste gas emissions, industrial electricity consumption, and industrial water consumption. Overall, there were severe excess emissions of air pollutants across Xinjiang.

(7) The level of industrial development, scientific and technological innovation, industrial structure, and environmental planning was positively correlated with the industrial eco-efficiency which promoted the industrial eco-efficiency, while the opening up and industrial agglomeration were negatively correlated with the industrial eco-efficiency which inhibited the industrial eco-efficiency. Therefore, it needs to enhance the level of industrial development to improve industrial ecological efficiency. Besides, it also should improve the level of technology research and development and promotion of industrial enterprises, strengthen environmental planning and management of environmental protection, and be cautious

in introducing foreign investment.

3. The Comprehensive Ecological Efficiency of Xinjiang

(1) Across all the areas in China, the level of ecological efficiency of Xinjiang was low and the allocation of resources was unreasonable. The comprehensive ecological efficiency of Xinjiang ranks the 31st , with a value of only 0. 562 2, nearly 60. 19 percent of the average value and about 23. 11 percent of the first place of Beijing, indicating that the comprehensive ecological efficiency of Xinjiang was still very low. The ranking of resource efficiency was the 30th in China, while the ranking of environmental efficiency increased to the 22th in China. It indicated that the low ecological efficiency of Xinjiang was mainly caused by low resource efficiency. And inappropriate allocation of resources, large consumption of resources, and the high consumption of energy were still the characteristics and status quo of economic development of Xinjiang.

(2) Unbalanced spatial distribution. The values of ecological efficiency in northern Xinjiang, eastern Xinjiang, and southern Xinjiang were 1. 61, 1. 17, and 0. 81 respectively. The comparison among the 14 prefectures showed that the highest ecological efficiency was 4. 19 and the lowest was 0. 48. There was a big difference in regional ecological efficiency. Of the 14 prefectures, only Karamay City and Turpan City had an ecological efficiency value greater than 1 and reached the effective frontier. These implied that the overall ecological efficiency was low in Xinjiang.

(3) From 2001 to 2015, the ecological efficiency of Xinjiang increased in a fluctuating mode, with a final increase of 5. 7%. At the scale of the five-year plans, the ecological efficiency increased from 0. 988 1 during the 10th five-year plan period to 1. 063 8 during the 11th five-year plan period and to 1. 064 3 during the 12th five-year plan period.

(4) The ecological efficiency was further decomposed into resource efficiency and environmental efficiency and analyzed. According to the different

combination of resource efficiency and environmental efficiency, the development modes of each region in Xinjiang was divided into four types: low energy consumption and low emission mode; high energy consumption and low emission mode; low energy consumption and high emission mode and high energy consumption and high emission mode.

(5) Through Malmquist index decomposition analysis, we found that the technology progress index was the main influencing and restricting factor of ecological efficiency. The comprehensive technical efficiency index, pure technical efficiency index, and scale efficiency index played a certain role in promoting the ecological efficiency. Therefore, further strengthening the introduction and research and development of new technologies were very important to improve ecological efficiency.

(6) The input-output redundancy analysis suggested the main reason for the loss of ecological efficiency was not the lack of output, but the excessive consumption of resources and excessive discharge of environmental pollutants. The main influencing factors causing ecological efficiency loss were COD emission, ammonia nitrogen emission, water resource input and labor force input. The total amount of water consumption and the total amount of drainage of Xinjiang were seriously excessive. Saving water resources in arid areas is a fundamental problem, so it is urgent to improve the allocation and utilization of water resources in the future.

(7) The utilization of foreign capital, urbanization rate, average education level, and proportion of tertiary industry were positively correlated with ecological efficiency, while environmental policy and marketization degree were negatively correlated with ecological efficiency. Therefore, to further improve the ecological efficiency of Xinjiang and ensure the coordinated and sustainable development of the environment, economy, and society in the future, it is necessary to strengthen the construction of urbanization, strengthen the level of scientific and

technological research and application, adjust environmental protection policies to make them more targeted and effective, strengthen the management of non-public enterprises, encourage foreign investment that is conducive to the sustainable development of Xinjiang, and lastly adjust and optimize the industrial structure and gradually increase the proportion of the tertiary industry.

4. The Strategy of Improving Ecological Efficiency of Xinjiang

We sorted out the problems in the research of ecological efficiency and discussed several ways for Xinjiang to enhance ecological efficiency from multiple aspects, such as, promoting the optimization and upgrading of industrial structure transformation of economic developing pattern, promoting economic restructuring, improving the quality of economic, strengthening the scientific and technological innovation and the introduction of new technology, utilizing of foreign capital, improving the quality of foreign capital, strengthening environmental planning and environmental protection management. This study aimed to provide an important basis and guidance for the development of the great beauty of Xinjiang.

Keywords: Arid Resource Region; Xinjiang; Ecological Efficiency; Super Efficiency DEA Model; Promotion Strategy

目录

1 绪论

1.1 研究背景

我国政府十分重视人与自然和谐共生、经济与资源环境协调可持续发展。在党的十七大报告中首次提出"生态文明"发展理念。生态文明是人类文明发展史上的一个新阶段，即工业文明之后的文明形态，是以人与自然、人与人、人与社会和谐共生、良性循环、全面发展、持续繁荣为基本宗旨的社会形态。党的十七大报告指出："建设生态文明，基本形成节约能源资源和保护生态环境的产业结构、增长方式、消费模式。"中国共产党第十八次全国代表大会将生态文明纳入"五位一体"的总体布局，做出"大力推进生态文明建设"的战略决策，报告强调"必须树立尊重自然、顺应自然、保护自然的生态文明理念"，形成人与自然和谐相处的思想观念。2015 年 5 月，中共中央、国务院发布了《中共中央 国务院关于加快推进生态文明建设的意见》。2015 年 10 月，党的十八届五中全会提出创新、协调、绿色、开放、共享五大发展理念，生态文明建设首度被写入国家五年规划。党的十九大报告全面阐述了加快改革生态文明体系、促进绿色发展、建设美好中国的战略规划，并指出了中国未来促进生态文明建设和绿色发展的路线图。历届政府的工作报告高度重视生态文明建设和绿色发展，表明中国的生态文明建设和绿色发展将迎来新的战略机遇。

自 1978 年改革开放以来，中国经济实现了快速发展，年均 GDP 增长率高达 9.98%。年人均 GDP 增长率也达到了 8.81%[1]。然而，中国的经济增长是以过度消耗资源和环境污染为代价的。中国环境污染造成的年度损失约占中国 GDP 的十分之一。石敏俊等[2]指出，中国 13.9% 的 GDP 用于资源消耗、环境污染和生态退化。资源和环境成本占 GDP 的比例西部地区大于中部和东部地区，北部地区大于南部地区。贺满萍[3]指出，2007年，中国有超过20%的省份，其资源消耗和环境污染总成本占GDP的40%以上。这些省份大部分位于西部地区，而且大部分地区都是欠发达的资源丰富地区。

新疆地处中国西北边陲，亚欧大陆腹地，远离海洋，属典型的温带大陆性干旱气候，是我国降水量最少的省份，同时森林覆盖率在全国排名倒数第一，森林面积仅占全区总面积的4.7%，荒漠化面积在全国各省份中最大，荒漠化也最严重，沙漠面积约占全国沙漠总面积的60%，是中国干旱区的主体，也是世界干旱中心之一，生态环境极其脆弱。水土流失面积已达113.95万平方千米，有85%的草原出现不同程度的退化沙化，冰川湖泊萎缩、河流断流、缺水和干旱已成为影响新疆可持续发展的突出问题。同时新疆又是我国资源大省，煤炭、石油、天然气等矿产资源丰富，矿产资源居全国第二位[4]。经过多年的开发，新疆经济发展有了长足的进步，取得了可喜的成绩。"十二五"期间GDP年均增速为10.7%，增速由全国第29位跃升至前列；人均GDP从25 034元增加到41 063元，居全国第20位。但与沿海发达省份相比，新疆经济发展水平仍然比较落后，在全国的排名也靠后。目前新疆经济发展正处在转型期，存在产业结构不合理、能耗高、污染物排放量高、综合利用率低等诸多问题。

新疆要实现"天蓝地绿水清"的"大美新疆"建设目标，就必须秉承高效、节能、绿色、环保的新发展理念，保持经济、环境协调可持续发展，而生态效率的内涵和目标就是"资源消耗最小化、环境影响最小化、经济价值最大化"。有学者提出，"推动绿色发展的关键在于提高生态效率"[5]，"生态效率是衡量绿色经济发展的重要指标"[6]，可见生态效率概念与国家提出的绿色发展理念的核心本质——"环境保护和资源节约"是一致的。因此，用生态效率指标可以衡量绿色、可持续发展的状况及程度。本书对新疆这个典型的干旱资源型省份生态效率进行较为全面、系统的研究，以期为推动新疆生态文明建设和绿色可持续发展服务。

1.2　研究目的、意义

1.2.1　研究目的

新疆是全国干旱地区和资源型地区的代表，面积约占全国的1/6，但沙漠面积约占全国沙漠总面积的60%，干旱缺水，生态环境极其恶劣，同时又是全国资源大省，煤炭、石油、天然气等各类矿产资源储量均在全国名列前茅。但这两方面的特点又极大地制约着新疆经济的发展，导致区域发展不平衡、制约产业发展规模、生态环境破坏严重等后果。为了有针对性地解决这些问题，本书运用超效率 DEA-Malmquist 方法，选取新疆 2001—2015 年经济、资源、环境方面的数据，分别从农业、工业、综合三方面对新疆分片区、分地州市进行生态效率比较、分析和评估，通过评估发现存在的问题，提出有针对性的解决方案，为新疆生态文明建设和绿色可持续发展提供依据。

1.2.2　研究意义

1.2.2.1　理论意义

（1）通过实证研究进一步完善生态效率研究理论方法体系。目前，国内外有许多关于生态效率的研究文献。研究重点主要是生态效率评价理论和生态效率评价方法。理论与实践的应用主要集中在企业和行业层面。对区域的研究还不够全面，尤其是针对资源开发型省份的研究很少。这一切都说明生态效率还有研究的空间，需要发展生态效率研究的理论体系，需要完善生态效率研究的方法。特别是，需要根据区域特点和实际情况，在区域层面和内部层面进行生态效率评估。通过实证分析，整合各种生态效率理论和方法，总结、拓展和完善生态效率研究体系，构建合理的区域生态效率评价理论体系，为综合评价区域生态效率提供科学、合理的操作思路。

（2）通过多层面、多因素、多角度全面分析，丰富生态效率研究手段，完善生态效率理论体系。通过对一个省份从产业结构层次分农业、工业和综合三个层面进行生态效率测度分析；将生态效率分解成资源效率和环境效率进行测度分析；从省级层面、区域层面、地州市层面对生态效率进行测度分析；从投入产出冗余角度对生态效率损失原因及改善途径进行分析；通过研究生态效率的影响因素，探究各要素对生态效率的作用机制；通过 Malmquist 指数及其分解指数的动态变化研究生态效率的促进和制约机制；通过多层面、多因素、多角度全面分析，丰富生态效率研究手段，完善生态效率理论体系。

（3）丰富区域生态效率的研究内容。以同时具备资源开发型、干旱型特征的典型区域为研究对象，通过研究在这两种因素制约下区域的生态效率变化动态和规律，找到导致区域生态效率损失的内在原因及主要影响因素，并有针对性地探索生态效率提升路径，为下一阶段研究提供基础性的、阶段性的、较为全面和具体的理论研究资料，同时也为政府及相关部门的决策提供可靠的参考依据。

1.2.2.2　现实意义

（1）通过对新疆三个五年计划期间生态效率变化趋势及其原因、机制进行较为全面的研究，可以得出新疆各区域、各地州市的生态效率变动状况和变化规律，可以判断出区域生态效率所处的水平，能够揭示各区域之间存在效率差异的原因和影响机制，理清各区域生态效率改进的思路与方法。

（2）为新疆制定经济发展规划、统筹规划全区产业结构和产业布局、调整各地州市产业结构、合理配置资源、制定区域环境污染防治和节能减排战略提供理论依据。

（3）通过对新疆这个典型的资源开发型大区、干旱型气候大区的生态效率进行全面而系统的研究，为我国其他受资源开发和干旱气候制约的省份的生态效率研究提供借鉴，为制定对策和措施提供参考。

1.3 生态效率研究综述

1.3.1 生态效率概念研究

"生态效率"的英文是 eco-efficiency，其中 "eco" 表征的就是 "经济"（economy）和 "生态"（ecology）两个维度，说明生态效率这一概念，需要同时考察经济和生态两方面的效率。加拿大科学委员会在 20 世纪 70 年代首次使用生态效率这一概念，世界自然资源保护联盟组织在 80 年代再次提出，但二者并没有就生态效率的概念给出明确的定义。

1990 年 Schaltegger 和 Sturm 首次提出了生态效率的概念并给以明确的定义[7]，即增加的价值与增加的环境影响的比值。1992 年世界可持续发展工商理事会（World Business Council for Sustainable Development，WBCSD）[8] 从经济学角度出发，首次将生态学中生态效率的概念引入经济活动，Muller 和 Sturm[9]、Scholz 和 Wiek[10] 认为生态效率是属于企业环境管理范畴的重要概念，生态效率＝经济绩效/环境绩效。可见，国外学者和组织对生态效率的定义主要集中于投入与产出比，主要目标是资源投入最小化、环境污染最小化以及经济产出最大化。

中国研究生态效率起步较晚。1995 年，Fussler[11] 首次将生态效率概念引入中国，李丽平等[12] 在探讨我国环境政策和管理相关问题时引用了生态效率相关理念。周国梅等[13] 认为可用投入与产出的比值来衡量生态效率——生态资源在满足人类需求时的效率。汤慧兰等[14] 提出生态效率是在提供优质的产品及服务时，能逐渐降低其生态影响和资源强度。诸大建、邱寿丰等[15-16] 认为生态效率是所实现的经济价值与其对应的资源环境消耗的比值。王妍等[17]

将生态效率归纳为：在价值最大化的同时，将资源消耗、污染和废弃物排放最小化。随后，吕彬等[18]、曹凤中等[19]、甘永辉等[20]、刘丙泉等[21]、张雪梅[22]等学者分别从生态效率的本质和应用方面进行了阐述和研究。黄和平[23]认为："生态效率是社会服务量与生态负荷增长率的比值。生态效率是一个无量纲的表达，类似于弹性系数的倒数。"陈真玲[24]认为："绿地面积反映了基本的生态环境自净能力，所以生态效率应该反映的是人均绿地面积和人均GDP与环境压力之间的比重关系。"

总体来说，国内外学者对生态效率持有一致的观点，都认为生态效率既考虑环境和资源又考虑经济价值，是一种多元的、双重考虑，其根本目的是以最小的资源和环境投入换取更多的经济价值。

1.3.2 生态效率评价方法研究

经查阅文献，生态效率的测算方法包括比值法、指标法、生态足迹法、能值与物质流分析法、因子分析法、层次分析法、数据包络分析（DEA）、模糊综合评价等方法，可以将生态足迹法之后的方法统称为模型法。综上所述，生态效率核算方法可以归纳为三大类：第一类是单一比值法，第二类是指标体系法，第三类是模型法。

1.3.2.1 单一比值法

研究发现，生态效率都包括环境影响和经济价值，因此可以通过选取代表环境影响和经济价值的典型指标，计算二者的比值，所得结果即为生态效率的值。

经济维度的表示方法因研究对象和研究目的而异。一些国家选择适当的经济指标，例如世界可持续工商理事会（WBCSD）[25]将产品或服务的总销售额或净销售额作为一般经济指标，将增值作为替代指标，将生态效率的计算公式归纳为：

生态效率=产品和服务的价值/环境影响

环境维度的表征指标主要包括资源消耗和环境污染物排放两方面。生命周期评价法是目前被广泛接受的评价方法。它是最广泛使用的工具，以系统规模分析产品和过程的环境影响[26]。

芬兰统计局和坦佩雷大学[27]根据芬兰地区的实际情况，提出了适合芬兰地区的生态效率计算公式：

生态效率=生活质量的改善/（自然资源消耗+环境损害+经济花费）

Schaltegger 和 Burritt[28]通过研究认为生态效率是产出的测度值与环境影响

增加值测度值的比重。其计算公式为：

生态效率＝产出/环境影响增加值

Muller 和 Sturm[9]、联合国贸易和发展会议（United Nations Conference on Trade and Development，UNCTAD）将生态效率定义为环境影响增加值测度值与净效益增加值之比，与 Schaltegger 和 Burritt[28]的计算方法正好相反。其计算公式为：

生态效率＝环境影响/净效益增加值

总体来说，单一比值法能够给出一个简单的比值，容易理解，但也存在很多缺点，比如：不能区分不同的环境影响，当选择的指标发生变化时，这个比值可能会有很大的变化；不能给予决策者选择上的弹性，不能给出最优的比率集合[29]。

1.3.2.2 指标体系法

指标体系法能够全面反映社会、经济、自然子系统的发展水平和协调程度，适用于较为复杂的对象分析。指标主要有物质消耗、能源消耗、水消耗、土地、劳动力和环境影响六类。

世界可持续发展委员会提出了七项指标，即水消耗、能源消耗、材料消耗、臭氧消耗物质排放、温室气体排放、酸化气体排放和废物总量。联合国贸易和发展会议（UNCTAD）提出了固体和液体废弃物排放、温室气体排放等指标及五个建议环境指标，如臭氧层排放、不可再生能源消耗和水消耗等。

Höh 等[30]在德国环境经济核算账户中对生态效率进行过测算，以 GDP 产出指标做分子，以能源、土地资源、水资源、原材料等自然资源和环境排放指标，以及资本、劳动力等投入指标做分母，并对生态效率进行了比较分析。Dahlström 等[31]设计了包括资源强度、资源生产率以及资源效率的 11 项指标；Michelsen 等[32]在分析挪威家具产品的生态效率时，选取了 9 个环境指标；Caneghem 等[33]在研究钢铁产业的生态效率时，提出 6 个环境指标。毛建素等[34]在研究我国工业行业的生态效率时，选取了 7 个指标；戴铁军等[35]在研究我国钢铁行业生态效率时提出了 3 个指标；黄和平[23]对 2000—2010 年江西省生态效率进行了测算；顾程亮等[36]对 2007—2013 年全国 30 个省的生态效率进行了测算。

指标体系法能充分反映社会、经济、自然各子系统的发展与协调水平，但在某些情况下需要权重来表达环境与经济的关系。在加权过程中，很难消除主观因素的影响[10,32]。

1.3.2.3 模型法

模型法广泛应用于生态效率测算，且方法灵活多样，可以分为需要确定权重和不需要确定权重两种；灰色关联法、层次分析法、模糊综合评价法需要确定权重，因子分析法、能值及物质流法、生态足迹法、参数分析法以及非参数分析法等不需要确定权重。

苏芳等[37]用灰色关联度评价法，潘兴侠等[38]运用模糊综合评价法，李惠娟等[39]运用因子分析法，季丹[40]、史丹等[41]运用生态足迹法，刘宁等[42]用主成分分析法，李健等[43]运用非参数距离函数法，陈黎明等[44]运用混合方向性距离函数，卞丽丽等[45]、孙玉峰等[46]、李名升等[47]基于能值分析法测算和分析了区域生态效率。

数据包络分析（data envelopment analysis，DEA）是以相对效率概念为基础，针对相同类型决策单元，运用多指标投入和多指标产出，进行效益评级的一种系统性分析方法[10]。这是一种广为使用的非参数分析法，消除了人为确定权重引起的误差。

国外学者对 DEA 的研究较早，21 世纪初 Dychkhoff 等[48]、Sarkis 等[49]、Korhonen 等[50]、Kuosmanen[51]对 DEA 模型进行研究，并将其应用于电力、交通运输业方面。

国内学者也陆续将 DEA 法应用于生态效率研究[52-53]。程晚娟[54]运用数据包络分析（DEA）方法，对我国 2010 年 31 个省区市的截面数据进行了区域生态效率评价；唐丹和黄森慰[55]用 DEA-BCC 模型测算出我国大陆东南沿海地带 8 个地区 2005—2014 年的生态效率；漆俊[56]运用数据包络分析（DEA）方法对江西省 11 个地级市 2011—2015 年的生态效率进行综合分析，并对生态效率不足的城市进行深入分析，为各城市乃至江西省发展循环经济、实现资源节约型和环境友好型社会提供参考。

对传统 DEA 进行优化的各种尝试中，超效率 DEA 模型逐渐得到广泛运用，学者们从区域、省份、城市等多个层面进行了相关研究。李闪闪[57]运用超效率 DEA 模型对中国 30 个省区市 2000—2015 年的生态效率进行测算分析，并在此基础上对 16 年间生态效率进行投入产出优化分析。狄乾斌等[58]采用超效率 DEA 模型对中国海洋生态效率进行测算；付丽娜等[59]采用超效率 DEA 模型对长株潭"3+5"城市群生态效率进行了研究；戴志敏等[60]运用超效率 DEA 法对华东地区几个省份的工业生态效率进行了测度分析；郭露等[61]以中国中部 6 省份为例，选取 2003—2013 年的数据，使用超效率 DEA 模型测算其工业生态效率。

1.3.3 生态效率应用研究

生态效率的应用研究主要集中在企业、行业、区域三个层次，国外侧重于企业及其产品的生态效率分析，中国学者对行业（产业）以及区域层面的研究开展得较多。

1.3.3.1　企业层面

生态效率在企业层面的应用开展得最早，其主要思想是从如何减少资源的投入量入手。明尼索塔矿业制造公司是最早对生态效率进行摸索的企业。自1975年开始，该公司通过对企业生态效率的研究，针对研究中发现的问题进行整改，通过技术创新，极大地缩减了污染物的排放量，并且降低了企业成本。Desimone等[62]、Dahlström等[63]分析了英国钢铁和铝业的生态效率变动趋势，Huppes等[64]对荷兰石油和天然气产品进行了生态效率评价，Hahn等[65]对德国大型企业的二氧化碳生态效率进行研究，Davé等[66]研究了生态效率模型在家具制造厂中的应用，Caneghem等[67]对比利时弗兰德地区的产业生态效率趋势进行了研究，Golany等[68]、Korhonen等[69]对发电企业生态效率进行了研究，Stevels[70]对电子产品回收系统的生态效率进行了研究。中国在企业层面对生态效率所开展的研究较少，原因主要在于中国的企业微观数据比较难获得。戴铁军和陆钟武[71]以某钢铁企业为例，对其生态效率的现状进行了分析比较；岳媛媛等[72]对中国企业生态效率的步骤、方法等进行了探讨；张炳等[52]以杭州湾精细化工园区企业为例进行了生态效率测度分析；陈琪[73]和巩芳等[74]对某一单独企业的生态效率进行测算及分析；杨红娟和张成浩[75]对2006—2014年云南企业生态效率进行了测度分析。

产品层面有针对电子产品进行的研究（Huisman等[76]；Aoe[77]；Barbagutiérrez等[78]）；针对末端处理环节的研究（Sarkis[79]；Hellweg等[80]）；对建筑材料（Bribián等[81]）、农药（Zhu等[82]）、废旧洗衣机（Park等[83]）、甘蔗生物炼制和蜜糖酒精生产（Silalertruksa等[84]）、厨房家具（Dyah等[85]）、棉花种植系统（Ullah等[86]）、家电及报废汽车回收系统（Morioka等[87]）等进行生态效率的测算及分析。

1.3.3.2　行业（产业）层面

下面从第一、第二、第三产业分别叙述研究进展。

（1）第一产业

关于生态效率在第一产业的研究，农业最多，主要从国家层面、省级层面、区域层面、地市层面以及县级层面进行了分析研究。吴小庆等[88]对"农业生态效率"进行了初步界定，并且进行了阐述和应用。

王丽莉等[89]运用非期望产出的SBM（Slack-Based Measure）模型对中国以及"一带一路"沿线的东盟10国农业生态效率进行了测算，并对各国农业生态效率进行了敏感性分析。王宝义等[90-91]对 31 个省份农业生态效率进行了研究，采用劳动、土地、化肥、农药、农膜、机械动力、灌溉、役畜 8 类投入指标，农业碳排放和农业污染两类非期望产出指标以及农业总产值作为期望产出指标，利用 SBM-Undesirable 扩展模型测算全国东中西 8 个经济区及省际农业（种植业）生态效率。潘丹和应瑞瑶[92]采用非径向、非角度的 SBM 模型对中国 30 个省份的农业生态效率进行了测算。程翠云等[93]以我国 2003—2010 年全国农业面板数据为研究对象，对农业生态效率进行了测度分析和评估，并对可能影响农业生态效率的因素进行了回归分析，认为农业生态效率是按照定量化的方式反映区域农业发展可持续发展水平、可以作为决策者制定政策的一个抓手。洪开荣等[94]从系统论视角构建了农业生态效率测算的网络结构，利用网络 DEA 模型对我国 2005—2013 年 30 个省份农业生态系统整体效率及各子系统效率值进行测度分析。许朗等[95]运用 DEA-Malmquist 方法测算中国 13 个粮食主产区 2000—2012 年的农业生态效率。刘志成和张晨成[96]分别运用 DEA-CCR 模型和 SBM-Andesirable 模型对湖南省及 14 个市区 2004—2013 年的农业生态效率进行测算和对比分析。张子龙等[97]运用数据包络分析（DEA）中的非期望产出 SBM 模型，对地处黄土高原的甘肃省庆阳市 2001—2011 年农业生态效率的时空演变进行了分析。吴小庆等[98]以江苏省无锡市为例，选取该市 1998—2008 年农业生产和面源污染相关数据，运用偏好锥的数据包络分析模型（DEA）对其农业生态效率进行了评价分析。郑家喜等[99]选取长江中游的湖北、湖南、江西及安徽 4 省为研究对象，构建农业生态效率评价指标体系，并使用 DEA-Malmquist 方法对 2005—2013 年上述 4 省的农业生态效率进行了分析研究。郑德凤等[100]采用考虑非期望产出的 SBM 模型，结合探索性空间数据分析方法（Exploratory Spatial Data Analysis，ESDA），对甘肃省各县（区）2000—2014 年的农业生态效率及空间分布格局进行实证分析。侯孟阳和姚顺波[101]基于 1978—2016 年中国各省份面板数据，采用超效率 SBM 模型测算省际农业生态效率，在时间序列分析和空间相关性分析的基础上，构建传统和空间马尔可夫概率转移矩阵，探讨中国农业生态效率的时空动态演变特征，并预测其长期演变的趋势。朱付彪等[102]对畜牧业生态效率进行了探讨和研究。Willison 等[103]探究了海洋渔业生物多样性同生态效率的关系。

（2）第二产业

根据高峰等[104]的研究，工业生态效率被定义为"某一区域工业企业生产产品的总量或者总价值与资源消耗、环境影响的比值"。这一概念最初应用于企业层面，随着研究的不断深入，逐渐向宏观方面发展。

对企业的研究主要涉及采矿业、石化行业、电子制造及电子产品回收业、电力行业、轻工建材行业等。Mancke 等[105]研究了北美金矿的生态效率，结果表明大部分金矿在研究年限内对环境造成的不利影响都在削弱，生态效率呈年度上升趋势；Van Berkel[106]、Kharel 等[107]、Charmondusit 等[108]对矿产加工生态效率进行了研究；姜孔桥等[109]通过对石化行业生态效率的测算分析，概括了中国石化行业的发展模式；贾卫平[110]对新疆的氯碱化工行业的生态效率进行了测算及评价研究；Aoe[77]、Barbagutiérrez 等[78]，王艳红等[111-112]对发电企业生态效率进行测算分析；Helminen[113]对 68 家企业 1993—1996 年生态效率变动趋势进行了测度分析；Michelsen 等[114]对中国家具制造业的生态效率进行评价。毛建素等[115]估算了中国 2007 年的工业生态效率状况，深入分析了 39 个工业部门的生态效率。胡嵩[116]对 2003—2011 年中国 38 个工业行业生态效率进行了测度分析。

我国对城市、区域等大尺度工业生态效率的研究较广泛，高峰等[104]、卢燕群等[117]、汪东等[118]对全国 30 个省份的工业生态效率进行了测算和评价，还有学者分别对北京[119]、山东[120]、四川[121]、湖南[122]、安徽[123]、陕西[124]的工业生态效率进行了研究。

（3）第三产业

对第三产业的研究以旅游行业最为常见。Gössling 等[125]将旅游业的生态效率定义为二氧化碳当量与旅游收入之间的比率；Kelly 等[126]比较了不同旅游线路的生态效率，发现游客更愿意选择生态有效的路线。Li 等[127]、Yang 等[128]针对旅游活动产生的温室气体排放，提出了一种生态效率模型，并以云南香格里拉为例，计算和分析了 8 天旅游产品的生态效率。研究结果表明：不同旅游产品的生态效率存在较大差异；交通和餐饮是影响旅游行程产品生态效率的关键因素；影响旅游行程产品生态效率的主要因素是经济价值和二氧化碳排放。

姚治国等[129-130]就旅游业的生态效率开展系列研究，提出了"旅游生态效率"的概念；彭红松等[131]采用 SBM-DEA 模型方法，以黄山风景区为例，对旅游地生态效率进行研究；杨德进等[132]将旅游扶贫和生态效率理论相结合，总结出我国旅游扶贫生态效率提升的 6 大路径；蒋素梅等[133]以昆明市为例对旅游业生态效率进行了研究；甄翌[134]对张家界生态效率进行了研究；刘佳和陆菊[135]采用数据包络分析（DEA）、空间关联指数和 ArcGIS 趋势面地统计方法评价 2003—2012 年中国旅游产业生态效率水平、空间变化差异及演化特征。

1.3.3.3 区域层面

目前，对区域以及更大尺度的生态效率的评价及管理体系的研究逐渐升温。城市与区域生态效率的研究，成为我国研究的重点。

Melanen 等[136]对芬兰南部 Kymenlaakso 地区的区域生态效率进行了研究；Mickwitz 等[137]提出了社会、经济、自然三个维度的区域生态效率指标体系；Jollands 等[138]建立了一个总的生态效率指标作为政策制定者的参考依据；Wursthorn 等[139]尝试建立欧洲各国统一的生态效率核算统计框架。

陈傲[140]、王恩旭[141]、邓波等[142]、汪克亮等[143]、徐杰芳[144]、白彩全等[145]、罗能生等[146]、梁星等[147]、许罗丹等[148]分别从不同角度、不同时间段对中国 30 个省份的生态效率进行了横向和纵向的比较分析。还有学者分别对北京[149]、江西[150]、广东[151]、宁夏[152]等省区市的生态效率时空分布、动态变化、影响因素等进行了研究。

李佳佳等[153]以 281 个地级市为研究对象，分析比较了城市之间的生态效率；付丽娜等[59]对长株潭"3+5"城市群生态效率进行了动态对比以及影响因素分析；李军龙等[154]对海峡西岸 4 省农业生态效率进行了研究；徐杰芳等[155]对中国 27 个煤炭资源型城市在 2004 年至 2013 年的生态效率进行测度分析；任宇飞等[156]以京津冀城市群的县域为基本单元测算生态效率；张炳等[52]、吴小庆等[157]、商华等[158]、李小鹏[159]、刘晶茹等[160]、杭洁[161]、袁汝华等[162]以工业园区为对象，构建评价指标体系，对生态效率进行了测度分析。

2 研究区概况、研究内容与方法

2.1 资源开发型城市的界定

我国自然资源丰富，很多资源储量居世界前列，资源分布几乎遍布全国各个区域，对促进我国经济快速发展、GDP 增长起到重要作用。可以说，资源型地区的发展是一个与国家大局有关的战略问题。2013 年，国务院发布《资源型城市国家可持续发展规划（2013—2020)》（以下简称《规划》），对资源型城市进行了明确定义和分类。《规划》将资源型城市定义为主要从事地区矿产和森林等自然资源开发和加工的城市。资源型城市中所指的资源，主要包括矿产资源和森林资源，矿产资源又包括煤炭、稀土、铜、铁、铝等；《规划》中所定义的资源型城市，不但包括地级市、地区，还包括县级市、县等。

国家界定资源型城市依据 4 个指标：①采掘业的产值占工业总产值的 10% 以上。②县级城市采掘业产值规模应超过 1 亿元，地级市超过 2 亿元。③采掘业雇员比例占全体员工的 5% 以上。④县级城市采掘业从业人员超过 1 万人，地级市超过 2 万人。原则上，一个城市必须同时满足上述 4 个指标，才能确定为资源型城市。

根据上述标准，国务院在《规划》中认定的资源型城市共 262 个。在充分考虑资源型城市在资源保障能力以及可持续发展能力方面的差异基础上，《规划》将资源型城市分为成长型、成熟型、衰退型、再生型 4 类。根据国务院对资源型城市的具体分类情况，涉及新疆的地州市级城市有 4 个——克拉玛依市、阿勒泰地区、巴音郭楞蒙古族自治州、哈密市，县级城市 4 个——阜康市、鄯善县、拜城县及和田市，基本囊括了南疆、北疆和东疆，囊括了新疆 14 个地州市中的 8 个。根据新疆统计年鉴和统计公报分析（见表 2-1），这 8 个城市的主要产业是石油、天然气、煤炭和金属矿产。同时这些地州市也是新疆这个资源型大区的优势资源主产地，因此以新疆这个典型的资源型大区及其所辖的 14 个地州市为研究对象，对其生态效率进行全面、系统的评估，分析产业发展中存在的短板和不足，并提出可持续、绿色发展策略，对促进新疆生态文明建设和绿色可持续发展具有重要意义。

表 2-1　新疆资源型城市产业类型一览表

城市	克拉玛依市	阿勒泰地区	阜康市	哈密市	鄯善县	巴音郭楞蒙古自治州	拜城县	和田市
主要资源	石油及产品加工	铜矿开发	石油开发	煤炭基地	石油开发	天然气基地	煤炭开发	玉石矿产资源地
分类	成熟型	成长型	成长型	成长型	成长型	成熟型	成熟型	成熟型

2.2　干旱区的界定与存在的问题

2.2.1　干旱区概况

一般来说，年降水量在 200 mm 以下的地区称为干旱地区，年降水量在 200~500 mm 的地区称为半干旱地区。一般研究的干旱区是二者的总称。干旱区约占陆地面积的 30%，是降水稀少、蒸发偏大、产流量很少的地区，由于水分不足、植被稀少，生态极其脆弱。

2.2.2　干旱区存在的问题

（1）流域水文状况变化

由于降水量不足，干旱缺水，以致河流水量减少，湖泊大幅度萎缩并趋于干涸，河道断流，水质恶化。新疆有 570 条大小河流，除了额尔齐斯河外，都是内陆河流。半个世纪以来，随着人类数量的增加和环境的恶化，许多河流下游的水量减少或完全断流。据粗略统计，新疆湖泊面积由 20 世纪 40 年代末 50 年代初的 120 万 hm² 缩小至目前的近 70 万 hm²；湿地面积也由 20 世纪 40 年代末 50 年代初的 280 万 hm² 降至目前的 148 万 hm²，导致湿地资源大量减少或严重破坏。艾比湖位于新疆北部，是新疆最大的咸水湖，也是准噶尔盆地的最大湖泊。湖面从 20 世纪 50 年代初的 1 200 km² 急剧缩小到 70 年代后期的约 500 km²。2000—2014 年，艾比湖面积又缩减了 107.22 km²，平均每年以 7.66 km² 的速度缩减。根据环境监测数据，2010—2014 年，艾比湖水质状况一直为劣

Ⅴ类，重度污染，污染物浓度受来水水质状况及来水水量的影响大。塔里木河总长度为 2 179 km，最初的补给支流众多，最多时超过 180 条，目前，只有阿克苏河、和田河和叶尔羌河三条支流有一些径流供应，下游罗布泊早已干涸。

（2）土地荒漠化

土地荒漠化是中国西北干旱地区一个突出的环境问题。土地荒漠化不仅恶化了生态环境，而且对人类生产和生活造成了极大的危害。新疆是全国重点的沙源地，沙漠化面积约占全国沙漠面积的 60%。新疆还拥有全国第一大和第二大沙漠——塔克拉玛干沙漠和古尔班通古特沙漠。塔克拉玛干沙漠，面积 35.73 万 km²，是一个流动沙漠，主要位于新疆南部塔里木盆地；古尔班通古特沙漠，面积 5.68 万 km²，是一个固定、半固定沙漠，位于新疆北部准噶尔盆地。专家推算，塔克拉玛干沙漠流动沙丘以每年 5~10 m 的速度向西南和东南方向前进；古尔班通古特沙漠的移动沙丘也以每年 0.5~2.5 m 的速度延伸到绿洲的南部边缘。据不完全统计，新疆荒漠化土地面积仍在以每年约 400 km² 的速度扩大，每年约有 66.67 万 hm² 的农田遭受风沙，人工绿洲的生态安全和正常发展受到严重威胁。新疆塔克拉玛干沙漠南移，50 年来侵占南缘绿洲 12.96 万 hm²，策勒县城三次搬迁，许多乡镇被埋。

（3）沙尘暴灾害

通过分析沙尘暴的成因，可以确定新疆、河西走廊和阿拉善高原具有强风、干燥、沙源和不稳定的大气条件，是中国沙尘暴的来源。西北地区沙尘暴随着土地沙漠化形式的发展愈来愈频繁，强度愈来愈大，1950—1993 年西北地区沙尘暴平均每年发生 1.76 次，在 20 世纪 90 年代，仅强沙尘暴的年平均发生率就超过 2 次，2000—2001 年的平均年发生率为 10 次，已引起全国重视。

（4）植被生态退化

干旱缺水，造成河道摆动、河道断流、湖泊萎缩，继而严重影响陆生生态系统，导致生态系统退化，生物多样性减少，森林面积减少，草场退化。

与 20 世纪 50 年代末相比，塔里木盆地边缘的胡杨林面积在 20 世纪 70 年代末下降了 47%。准噶尔盆地天然梭梭灌木的分布面积为 750 万 hm²，由于多年的采矿和森林砍伐，天然梭梭灌木的分布已经退回到沙漠腹地 30~40 km。干旱和过度放牧导致草原严重退化，且发展趋势不断恶化。植被草地的退化也会造成一系列其他生态和环境问题，如土地荒漠化、土壤侵蚀和生物多样性丧失。

2.3　新疆发展现状

新疆位于祖国西北边陲和欧亚大陆腹地，地处东经 73°40′~96°18′，北纬 34°25′~48°10′之间。面积为 166.5 万 km²，占全国土地面积的 1/6，是我国面积最大的省份。新疆山脉与盆地相间排列，被称为"三山夹两盆"。北部为阿尔泰山，南部为昆仑山系，中间为天山，天山将新疆隔成南北两部分，位于南部的是塔里木盆地，位于北部的是准噶尔盆地。截至 2020 年 12 月，新疆（新疆生产建设兵团除外）有 5 个自治州、5 个地区和 4 个地级市，27 个县级市、13 个市辖区和 67 个县（包括 6 个自治县）。截至 2020 年 9 月，新疆辖 200 个街道、413 个镇、447 个乡、42 个民族乡，合计 1 102 个乡级区划。截至 2015 年年底，全区常住人口 2 360 万人，其中乡村人口 1 245 万人。

2.3.1　社会经济概况

新常态下国民经济运行平稳，结构调整发生了积极变化，民生不断改善，经济社会继续稳步发展。2015 年新疆地区生产总值（GDP）达到 9 324.8 亿元，按可比价计算，比上年增长 8.8%。其中，第一产业增加值为 1 559.09 亿元，年增长幅度为 5.8%；第二产业增加值为 3 564.99 亿元，增长幅度为 6.9%；第三产业增加值为 4 200.72 亿元，增长幅度为 12.7%。三次产业结构为 16.7∶38.2∶45.1。按常住人口计算，全年人均 GDP 为 40 034 元，增长 6.6%——根据 2015 年的平均年汇率，约合 6 428 美元，增长 5.1%。

总之，新疆的产业在不断调整和不断完善。这是一个从农业向工业不断转变的过程。由于产业结构的调整，产业结构的合理化和先进化不断加速。三次产业比重在 2000 年是 21.1∶43.0∶35.9，到 2015 年逐步调整为 16.7∶38.2∶45.1，2015 年第三产业比例首次超过第二产业。产业结构逐步从第一、第二、第三产业向第二、第三、第一产业发展，直至三、二、一产业升级，产业结构日趋合理，日趋优化。但是，新疆产业结构的稳定性仍然不如中国一些相对发达的地区——还存在第一产业比重过大、轻重工业比例失调等问题，与内地发达省市相比还存在一定的差距，还需要继续调整和优化升级。

2.3.2　自然资源禀赋

新疆气候属于典型的温带大陆性干旱气候，降水少，蒸发量大，年平均降水量为 154.8 mm。有 570 多条大小河流。冰川储量为 $2.13\times10^{12}\,m^3$，占全国的 42.7%。水资源总量为 $832\times10^8\,m^3$，但单位面积水量仅为全国平均水平的 1/6。水资源的时空分布极不平衡，资源性和工程性缺水并存。

新疆土地资源丰富，天然草原面积为 8.6×10^8 亩（1 亩 ≈ 0.067 公顷。下同）。在能源资源方面，主要有一次性能源，如石油、天然气、煤炭、水力、风能、太阳能和煤层气。其中，石油、天然气和煤炭是新疆最具优势的矿产资源。已发现的矿物有 138 种，占中国已探明矿物的 82.14%。其中，储量居全国首位的有 5 种，居全国前 5 位的有 25 种，居全国前 10 位的有 40 种，居西北地区首位的有 23 种[163]。在第二次全国能源资源评估中，新疆石油储量预测为 $208.6\times10^8\,t$，占全国陆上石油总储量的 30%，位列全国第 2；预计天然气储量为 $10.4\times10^{12}\,m^3$，占全国陆上天然气储量的 34%[164]，探明储量居全国首位；预测煤炭资源量为 $2.19\times10^{12}\,t$，占全国预测储量的 40%，居全国首位；风力资源丰富，装机容量相当于 4 个三峡工程，发电量可达 8 000 多万 kW。

新疆拥有丰富的自然旅游资源和人文旅游资源。参照《中国旅游资源普查规范》中对新疆旅游资源的分类，在 68 种基本类型中，新疆拥有 56 种，占全国旅游资源类型的 83%，居全国各省区市之首[165]。

2.3.3 生态环境状况

新疆植被稀疏，森林覆盖率低，全区林业用地面积为 3.20×10^8 亩，森林面积 1.16×10^8 亩，森林蓄积量 $3.67\times10^8\,m^3$，森林覆盖率 4.7%，绿洲森林覆盖率 28.0%。由于干旱缺水，自然生态资源匮乏，生态环境极其脆弱。水土流失面积已达 113.95 万 km^2，有 85% 的草原出现不同程度的退化沙化，冰川湖泊萎缩、河流断流、缺水和干旱已成为影响新疆可持续发展的突出问题。

全区天然草地面积为 5 725.88 万 hm^2，可利用草地面积 4 800.68 万 hm^2。全区自治区级以上自然保护区有 29 个（不含兵团自然保护区），其中，国家级自然保护区 11 个，自治区级自然保护区 18 个，总面积 21.36 万 km^2，占全区总面积的 12.87%。

根据《2015 年环境状况质量公报》公布的结果，全区生态环境状况总体保持稳定，仍呈现部分改善和局部恶化并存的局面。绿洲生态环境质量有所改善，草地退化趋势有所减缓，绿洲-荒漠过渡带以及农-牧交错带的部分区域生态环境质量仍呈恶化趋势。

2.4 研究内容、方法和技术路线

2.4.1 研究内容

本书共分7章，内容如下：

第1章 绪论。简要地介绍了选题的背景、目的和意义，系对国内外生态效率的研究综述。

第2章 研究区概况、研究内容与方法。首先对干旱区资源开发型城市及其四种类型进行了界定，然后从经济发展现状、资源开发利用现状和生态环境现状3个方面介绍典型干旱区资源开发省区——新疆维吾尔自治区现状，最后确定了本书研究内容、方法和技术路线。

第3章 新疆农业生态效率实证研究。采用超效率DEA模型法，选择资源消耗和环境污染作为投入指标、经济价值作为产出指标，构建农业生态效率评价指标体系，以2001—2015年连续15年新疆14个地州市农业面板数据为样本，从省级层面、区域层面、地州市层面对农业生态效率时空分布、变化特征、影响因素进行连续的、较为全面的测度分析；通过Malmquist指数分解来分析全要素生态效率、纯技术效率、技术效率、规模效率等重要指标的动态变化情况及其对农业生态效率的促进和制约机制；从投入产出冗余角度对农业生态效率损失原因进行分析并提出改善途径；运用Tobit模型研究农业生态效率的影响因素，并探究各因素对生态效率的作用机制；为后续探讨生态效率的提升途径奠定基础。

第4章 新疆工业生态效率实证研究。采用超效率DEA模型法，选择资源消耗和环境污染作为投入指标、经济价值作为产出指标，构建工业生态效率评价指标体系，以2001—2015年连续15年新疆14个地州市工业面板数据为样本，从省级层面、区域层面、地州市层面对工业生态效率时空分布、变化特征、影响因素进行连续的、较为全面的测度分析；通过Malmquist指数分解来分析全要素生态效率、纯技术效率、技术效率、规模效率等重要指标的动态变化情况及其对工业生态效率的促进和制约机制；从投入产出冗余角度对工业生态效率损失原因进行分析并提出改善途径；运用Tobit模型研究工业生态效率的影响因素，并探究各因素对生态效率的作用机制；为后续探讨生态效率的提升途径奠定基础。

第5章 新疆综合生态效率实证研究。采用超效率DEA模型法，选择资源消耗和环境污染作为投入指标、经济价值作为产出指标，构建新疆生态效率评价指标体系，以 2001—2015 年连续 15 年新疆 14 个地州市面板数据为样本，从省级层面、区域层面、地州市层面对生态效率、环境效率和资源效率时空分布、变化特征、影响因素进行连续的、较为全面的测度分析；通过 Malmquist 指数分解来分析全要素生态效率、纯技术效率、技术效率、规模效率等重要指标的动态变化情况及其对生态效率的促进和制约机制；从投入产出冗余角度对生态效率损失原因进行分析并提出改善途径；运用 Tobit 模型研究生态效率的影响因素并探究各因素对生态效率的作用机制；为后续探讨生态效率的提升途径奠定基础。

第 6 章 新疆生态效率存在的问题及提升策略研究。在第 3、4、5 章实证研究的基础上，梳理出农业生态效率、工业生态效率、综合生态效率研究中存在的问题，并从积极调整产业结构、促进产业结构优化升级，转变经济发展方式、推进经济转型、提高经济质量，科技创新、引进新技术，积极利用外资、提高外资引进质量，加强环境规划和环境保护管理五个方面分析和探讨了提升新疆农业生态效率、工业生态效率、综合生态效率的若干途径和方案，为推动建设"天蓝地绿水清"的"大美新疆"提供重要依据和指导。

第 7 章 结论与展望。对全书所做研究工作进行总结，归纳出本书创新点，并就需进一步深入探讨的问题进行展望。

2.4.2 研究方法

以 2001—2015 年连续 15 年新疆 14 个地州市农业、工业、综合面板数据为样本，采用超效率 DEA 模型法，选择资源消耗和环境污染作为投入指标、经济价值作为产出指标，构建生态效率评价指标体系，从省级层面、区域层面、地州市层面对农业、工业、综合生态效率时空分布、变化特征进行连续的、较为全面的测度分析；通过 Malmquist 指数分解来分析全要素生态效率、纯技术效率、技术效率、规模效率等重要指标的动态变化情况及其对生态效率的促进和制约机制；从投入产出冗余角度对生态效率损失原因进行分析并提出改善途径；运用 Tobit 模型研究生态效率的影响因素，并探究各因素对生态效率的作用机制；最后根据上述论证分析结果提出有针对性的生态效率提升策略。

在收集、整理、处理数据阶段查阅、录入、筛选、整理国家、省、市级年鉴和统计公报等资料中的大量原始数据；经初步统计计算得到不同时间、空间层次的有效决策单元数据；然后通过对比论证选择合适的模型进行计算进而得出时间、空间维度的静态、动态生态效率值；再统计计算冗余率，做影响因素回归分析；最后对数据进行统计分析、作图制表。

具体的研究方法如下：

2.4.2.1 传统的 DEA 模型和超效率 DEA 模型

Charnes 等[166]于 1978 年提出旨在评价"多投入多产出"模式下决策单元间相对有效性的 DEA-CCR 模型。该模型是以相对效率概念为基础，根据多指标投入和多指标产出对于相同类型决策单元进行相对有效性或效益评级的一种系统性分析方法，在评价多投入多产出的复杂系统上具有一定优势。之后一些学者对传统 DEA 模型进行了研究[167-170]。Andersen 等[171]提出了一种新模型——超效率 DEA 模型，它是在传统 DEA 模型基础上进一步改进得到的。新模型克服了 CCR 模型自身存在的缺点和不足，如无法对多个决策单元进行进一步的评估、比较和排序。新模型对传统数据包络模型进行了改进和完善，对生态效率的分析由半定量、半定性分析向全定量分析转变。

超效率 DEA 模型的数学形式如下：

$$\text{Min}\theta$$

$$\text{s. t.} \begin{cases} \sum_{i=1,\,j\neq i}^{n} A_j \lambda_j + S^- = \theta X_0 \\ \sum_{i=1,\,j\neq i}^{n} Y_j \lambda_j - S^+ = Y_0 \\ \lambda_j \geqslant 0,\ j = 1,\ 2,\ \cdots,\ k-1,\ k,\ \cdots,\ n \\ S^- \geqslant 0,\ S^+ \geqslant 0 \end{cases}$$

式中：θ 表示决策单元的效率值；X 和 Y 分别表示输入变量和输出变量；λ 表示有效决策单元 DMU 中的组合比例，用来判别 DMU 的规模收益情况，$\sum\lambda < 1$、$\sum\lambda = 1$ 和 $\sum\lambda > 1$ 分别表示规模效益递增、规模效益不变和规模效益递减；S^- 和 S^+ 为松弛变量。当 $\theta < 1$，且同时满足 $S^- \neq 0$ 或者 $S^+ \neq 0$ 时，可判断该决策单元没有达到最优效率；当 $\theta \geqslant 1$，且同时满足 $S^- \geqslant 0$、$S^+ \geqslant 0$ 时，可判断该决策单元达到最优效率。

2.4.2.2 DEA-Malmquist 指数法

Malmquist 指数法原本是由 Malmquist[172]提出，用于分析消费的定量指数，Richard[173]将其用于分析 TFP（Total Factor Productivity）增长率，首次提出了 Malmquist 生产率指数。1994 年由 Fare 等[174]构建的基于 DEA 的 Malmquist 指数，通过不同时期的距离函数来描述不同时期的生产效率情况，并通过数据包络法来计算距离函数，该方法逐渐成为学者们在实证研究中普遍采用的一种非参数法。

根据 Fare 等[174]的研究，从 t 期到 $t+1$ 期的 Malmquist 指数可以表示为：

$$TFP = \left[\frac{D^t(x_{t+1}, y_{t+1})}{D^t(x_t, y_t)} \times \frac{D^{t+1}(x_{t+1}, y_{t+1})}{D^{t+1}(x_t, y_t)} \right]^{\frac{1}{2}}$$

$$= \left[\frac{D^t(x_{t+1}, y_{t+1})}{D^{t+1}(x_{t+1}, y_{t+1})} \times \frac{D^t(x_t, y_t)}{D^{t+1}(x_t, y_t)} \right]^{\frac{1}{2}} \times \frac{D^{t+1}(x_{t+1}, y_{t+1})}{D^t(x_t, y_t)}$$

$$= TC \times EC = TC \times PE \times SE$$

其中，Malmquist 指数变动值即为全要素生产率（TFP）变动值，表示某决策单元在 t 到 $t+1$ 期生产率的变动程度。TFP>1，生产率呈上升趋势；反之，生产率呈下降趋势。TFP 可以分解为技术变化（TC）和效率变化（EC），TC 表示生产前沿面的移动对生产率的贡献程度，EC 表示在第 t 期到 $t+1$ 期中技术效率的变化对生产率的贡献程度。EC 又可以分为 PE（纯技术效率）和 SE（规模效率）。

2.4.2.3　Tobit 模型

除了选定的投入产出指标外，通过 DEA 模型获得的生态效率还受输入和输出指标以外的因素的影响。为了衡量影响 DEA 评估的生态效率的因素及其影响程度，Coelli[175] 在 1998 年，基于 DEA 分析推导出两阶段方法。该方法的第一步使用 DEA 分析来估计决策单元的效率值。第二步以效率值为因变量、影响因素为自变量进行回归分析，并且自变量的系数决定了影响因素对生态效率的影响强度。

Tobit 模型如下：

$$y_i = \begin{cases} y_i^* = x_i\beta + \varepsilon_i & y_i^* \geqslant 0 \\ 0 & y_i^* \leqslant 0 \end{cases}$$

式中 x_i 为自变量，y_i 为观察到的因变量，y_i^* 为潜变量，β 为相关系数，ε_i 为独立变量，扰动项 $\varepsilon_i \sim N(0, \sigma^2)$。

2.4.3　技术路线

本研究的技术路线如图 2-1 所示：

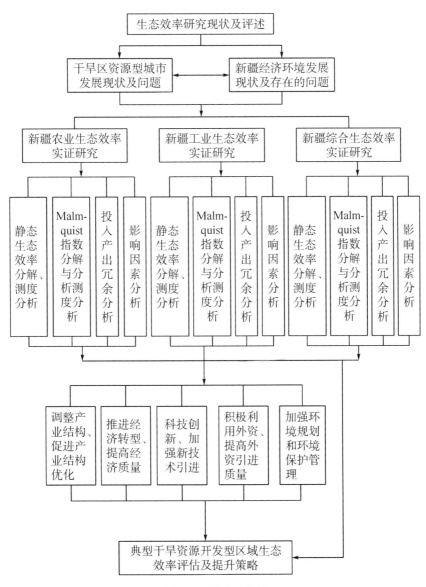

图 2-1 技术路线图

3 新疆农业生态效率实证研究

中国是一个拥有 14 亿多人口的发展中农业大国，农业是基础产业和战略产业。从 1978 年开始的以市场化为取向的农村改革以来，中国的农业经济保持了 40 年的持续高速增长，并取得了巨大成就，但也产生了资源过度利用和环境污染等负面效应。《全国环境统计公报》显示，"十二五"末，2015 年全国废水排放总量为 735.3 亿吨，废水中化学需氧量（COD）排放量为 2 223.5万吨，其中来自农业源的化学需氧量排放量为 1 068.6 万吨，占 48.06%；废水中氨氮的排放量为 229.9 万吨，其中来自农业源的排放量为 72.6 万吨，占31.58%。虽然与"十一五"期间污染物排放量相比有一定减少，但距离发展资源节约型和环境友好型农业、保持农业可持续高效发展的目标仍有差距。

聂弯和于法稳[176]将农业生态效率定义为：农业生产活动中，对自然资源的消耗量和对污染物的处理能力保持在农业生态系统可承载能力范围内，并且用更少的自然资源生产出更多数量和更高质量的农产品或农业服务，同时对环境以及农产品消费的负面影响最小。目前，农业生态效率研究主要应用于企业、行业、区域三个层次，核算方法主要有三种：单一比值法、指标体系法和模型法。国内对农业生态效率的研究起步较晚，常用的方法主要是传统的数据包络分析法（DEA）[177-178]，也有学者实证探讨了 DEA-SBM 模型法[179]、超效率 DEA 模型法[180]、网络 DEA 模型法[181]。对新疆农业生态效率方面的研究资料较少且不全面，张凤丽[182]对新疆生产建设兵团第八师农业生态效率进行了测算与分析，贾卫平等[183]对新疆生产建设兵团农业生态效率及影响因素开展了研究。

本章主要采用 DEA-Malmquist-Tobit 模型法，以 2001—2015 年新疆 14 个地州市农业面板数据为样本，对农业生态效率时空分布及变化特征进行评测，分析探讨农业生态效率损失原因、影响因素及改进途径，以期为促进新疆农业资源合理配置，实现农业高效、协调、可持续发展提供借鉴。

3.1 指标体系构建和数据来源

3.1.1 评价指标体系构建

农业生态效率反映了农业资源合理利用、农业经济效益、环境保护情况的综合情况。本章在农业生态效率评价过程中，依照以上三种考虑因素，参考以往农业生态效率评价相关研究（见表3-1），选择资源消耗和环境污染作为投入指标、经济价值作为产出指标，构建了农业生态效率评价指标体系（见表3-2）。

表 3-1　区域农业生态效率评价指标体系研究概况

作者	研究对象	资源类指标	环境类指标	经济类指标
程翠云等[93]	2003—2010 年我国31 个省份	土地、劳动力、农业用水、化肥、机械总动力	COD	农业 GDP
潘丹和应瑞瑶[92]	1998—2009 年我国30 个省份	土地、劳动力、农业用水、化肥、机械总动力、役畜数量	COD、氨氮	农业 GDP
刘志成和张晨成[96]	2004—2013 年湖南省	土地、劳动力、农业用水、化肥、机械总动力	COD、TN、TP	农业 GDP
洪开荣等[94]	2005—2013 年我国30 个省份	资本投入、土地投入、灌溉投入、劳动力投入、化肥投入、新增农用地投入	化肥污染量、农药污染量、地膜污染量	农业 GDP
王宝义和张卫国[91]	1993—2013 年我国30 个省份	土地投入、灌溉投入、劳动力投入、机械总动力、役畜数量、化肥、农药、地膜	碳排放农业污染物排放（化肥氮、磷流失量，农药无效利用量，农膜残留量）	农业 GDP
李军龙等[154]	海峡西岸经济区	劳动力、农机总动力、用电量、耕地面积、农田灌溉面积、化肥使用量、农药使用量		农业 GDP
董一慧[184]	2011—2015 年黑龙江省 13 个地市	人力投入、物力投入、土地投入、水资源投入、农业财政投入、化肥、农药和农膜		农业 GDP

表 3-2　农业生态效率评价指标体系

宏观指标	类别	具体指标	单位
投入指标	资源消耗	农村劳动力人数	万人
		农作物种植面积	千公顷
		农业机械总动力	万千瓦
		有效灌溉面积	千公顷
		农村用电量	万千瓦·时
		化肥使用量	吨
	环境污染	COD 排放量	吨
		氨氮排放量	吨
产出指标	经济价值	农业生产总值	亿元

3.1.2　研究样本与数据选择

3.1.2.1　研究样本

本章主要以新疆及所辖 14 个地州市（不含新疆生产建设兵团）为研究对象，按地理分布将新疆分为 3 个区域——北疆地区，包括乌鲁木齐市、昌吉回族自治州（以下简称"昌吉州"）、克拉玛依市、伊犁哈萨克自治州直属县市（以下简称"伊犁州直"）、阿勒泰地区、塔城地区、博尔塔拉蒙古自治州（以下简称"博州"）；南疆地区，包括巴音郭楞蒙古自治州（以下简称"巴州"）、阿克苏地区、喀什地区、和田地区、克孜勒苏柯尔克孜自治州（以下简称"克州"）；东疆地区，包括哈密市和吐鲁番市。

3.1.2.2　数据来源

（1）2002—2016 年《新疆维吾尔自治区统计年鉴》、2001—2015 年《新疆环境统计年报》、2001—2015 年《新疆维吾尔自治区国民经济与社会发展统计公报》、2001—2015 年《新疆维吾尔自治区环境状况公报》；

（2）《中国环境统计年鉴》《中国统计年鉴》《中国农村统计年鉴》；

（3）2002—2016 年新疆各地州市统计年鉴、国民经济与社会发展统计公报；

（4）地州市网站。

另外，部分数据来源于中国知网中国经济与社会发展统计数据库。

3.2　评价方法

农业生态效率静态测度采用超效率 DEA 模型，动态测度分析采用 DEA-Malmquist 指数法，影响因素分析采用 Tobit 模型。具体方法原理和公式见第 2 章 2.4.2 节。

3.3　静态生态效率测度及分析

本章运用 DEA-SOLVER PRO 软件，采用投入导向的超效率 DEA 模型对新疆农业生态效率主要从省级层面、区域层面和地州市层面进行测度和分析。

3.3.1　省级层面测度及分析

3.3.1.1　与其他省份比较分析

由表 3-3、图 3-1 可见，全国农业生态效率均值为 1.01，其中达到有效生产前沿面的省份有 13 个，新疆农业生态效率为 0.67，在全国排名第 28 位，仅为第 1 名海南的 1/3，即便与西北五省区相比，也处于落后位置，说明新疆总体农业生态效率仍然较低，且在全国处于落后地位。

表 3-3　2015 年全国各省份农业生态效率（不含港澳台地区）

	省份														
	北京	天津	河北	山西	内蒙古	辽宁	吉林	黑龙江	上海	江苏	浙江	安徽	福建	江西	山东	河南
生态效率	1.22	0.81	0.84	0.66	0.56	0.93	0.86	0.93	1.23	0.91	1.45	0.64	1.26	0.73	1.50	0.95
排名	7	26	23	29	31	17	22	18	6	19	3	30	5	27	2	15
	省份														
	湖北	湖南	广东	广西	海南	重庆	四川	贵州	云南	西藏	陕西	甘肃	青海	宁夏	新疆	各省份平均
生态效率	0.87	1.10	1.09	0.97	2.01	1.04	1.05	1.37	0.81	1.11	1.19	0.90	0.94	0.82	0.67	1.01
排名	21	10	11	14	1	13	12	4	25	9	8	20	16	24	28	—

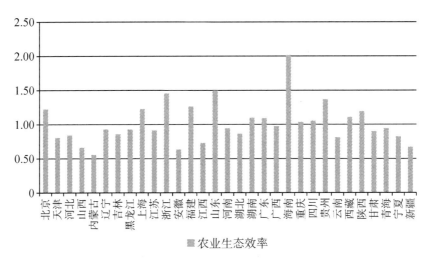

图 3-1　全国各省份农业生态效率比较（不含港澳台地区）

3.3.1.2　时间序列变化分析

从表 3-4、图 3-2 和图 3-3 可知：

2001—2015 年，农业生态效率虽然有小的波动，但总体呈现逐年上升趋势，从 2001 年的 0.62 至 2012 年的 1.03，再到 2012—2015 年连续 4 年农业生态效率都大于 1，达到有效生产前沿面；从"十五"期间的 0.68 到"十一五"期间的 0.76，再到"十二五"期间的 1.01，农业生态效率得到了阶段性提升，逐步实现了从无效状态到有效生产前沿面。这说明新疆通过一系列措施，通过三个五年计划逐步实现了农业生产经济增长和资源节约、环境保护的协调发展，尤其是"十二五"期间，农业生产得到飞跃式发展，连续 4 年达到有效生产前沿面，实现了农业生产的稳定、协调、可持续发展，这主要得益于 2010 年以后中央对新疆经济发展的大力扶持、先后两次中央新疆工作座谈会的召开以及 19 省市援疆政策的实施。

表 3-4　2001—2015 年新疆农业生态效率一览表

		生态效率			生态效率
年 份	2001	0.62	年 份	2011	0.94
	2002	0.58		2012	1.03
	2003	0.73		2013	1.06
	2004	0.71		2014	1.02
	2005	0.74		2015	1.01

表3-4(续)

		生态效率			生态效率
	2006	0.70		年平均	0.82
年	2007	0.76		"十五"	0.68
	2008	0.67	时	"十一五"	0.76
份	2009	0.70	段	"十二五"	1.01
	2010	0.98			

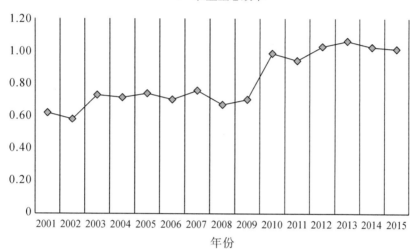

图 3-2　2001—2015年新疆农业生态效率变动趋势

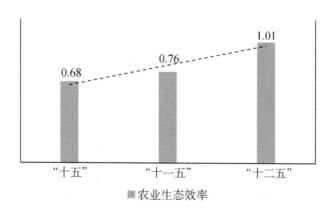

图 3-3　"十五"到"十二五"新疆农业生态效率变化趋势图

3.3.2 区域层面测度及分析

从表 3-5、图 3-4 和图 3-5 可知：

（1）2001—2015 年连续 15 年北疆、东疆、南疆的农业生态效率平均值分别为 1.30、1.39、1.07，全部都达到有效生产前沿面，东疆>北疆>南疆。

（2）2001—2015 年，北疆农业生态效率呈波动式上升趋势，增长约 24%，南疆、东疆均呈波动式下降趋势。从"十五"到"十一五"再到"十二五"期间，北疆、东疆和南疆农业生态效率均达有效生产前沿面，其中北疆农业生态效率从 1.22 到 1.28 再到 1.39 呈阶段上升趋势，而南疆从 1.12 到 1.06 再到 1.02，东疆从 1.42 到 1.42 再到 1.34，均呈略微下降趋势。

表 3-5　2001—2015 年新疆 14 个地州市农业生态效率一览表

		年份							
		2001	2002	2003	2004	2005	2006	2007	2008
地区	乌鲁木齐市	1.20	1.01	0.70	0.65	0.66	0.61	0.71	0.68
	克拉玛依市	2.52	2.93	3.06	3.25	4.37	4.52	4.60	3.95
	吐鲁番市	1.40	2.06	1.77	2.04	1.98	2.00	2.15	2.25
	哈密市	1.18	0.87	1.04	0.94	0.86	0.88	0.75	0.89
	昌吉州	0.96	0.74	0.73	0.75	0.73	0.70	0.64	0.78
	伊犁州直	1.11	0.97	0.84	0.89	0.85	0.80	0.73	0.96
	塔城地区	0.92	0.78	0.82	0.75	0.71	0.70	0.62	0.83
	阿勒泰地区	1.49	0.83	0.89	0.80	0.80	0.64	0.72	1.09
	博州	0.93	0.84	1.06	1.22	0.96	0.86	0.95	1.01
	巴州	1.27	1.25	1.34	1.31	1.25	1.24	1.19	1.21
	阿克苏地区	0.99	1.10	0.94	0.96	0.92	0.91	0.84	0.81
	克州	0.69	0.83	0.83	0.95	0.99	0.93	0.86	0.87
	喀什地区	0.98	1.22	1.74	1.46	1.72	1.65	1.28	1.20
	和田地区	0.83	1.02	0.99	1.15	1.34	1.06	0.92	1.10
	地区平均	1.18	1.18	1.20	1.22	1.30	1.25	1.21	1.26
区域	东疆	1.29	1.46	1.41	1.49	1.42	1.44	1.45	1.57
	南疆	0.95	1.09	1.17	1.17	1.24	1.16	1.02	1.04
	北疆	1.30	1.16	1.16	1.19	1.30	1.26	1.28	1.33

表3-5(续)

		年份							年平均
		2009	2010	2011	2012	2013	2014	2015	
地区	乌鲁木齐市	0.66	0.75	0.87	0.87	0.84	0.65	0.94	0.75
	克拉玛依市	3.80	3.59	4.36	3.87	4.13	5.92	5.81	3.68
	吐鲁番市	2.01	1.69	1.71	1.97	1.77	2.19	2.12	1.88
	哈密市	0.86	0.75	0.78	0.74	0.74	0.68	0.71	0.80
	昌吉州	0.73	0.64	0.68	0.62	0.68	0.80	0.77	0.71
	伊犁州直	0.89	0.91	0.83	0.75	0.77	0.92	1.03	0.89
	塔城地区	0.95	0.88	0.88	0.81	0.87	0.91	1.04	0.83
	阿勒泰地区	1.09	0.85	0.82	0.75	0.64	0.77	0.81	0.91
	博州	0.90	1.02	0.91	0.79	0.80	0.96	0.90	0.92
	巴州	1.27	1.45	1.44	1.50	1.77	1.59	1.60	1.43
	阿克苏地区	0.81	0.77	0.75	0.75	0.87	0.88	1.02	0.86
	克州	0.84	0.61	0.68	0.66	0.73	0.81	0.89	0.77
	喀什地区	1.76	0.98	1.03	1.05	1.03	1.09	0.93	1.00
	和田地区	1.03	0.86	0.91	0.88	0.85	0.90	0.79	0.94
	地区平均	1.26	1.13	1.19	1.14	1.18	1.36	1.38	1.17
区域	东疆	1.43	1.22	1.25	1.36	1.26	1.44	1.42	1.39
	南疆	1.14	0.93	0.96	0.97	1.05	1.05	1.05	1.07
	北疆	1.29	1.24	1.34	1.21	1.25	1.56	1.61	1.30

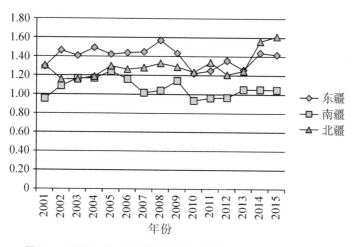

图 3-4　2001—2015 年新疆不同区域农业生态效率变动趋势

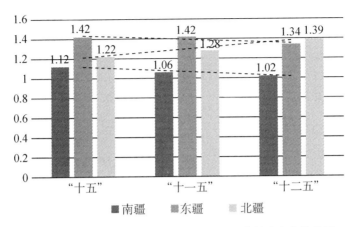

图 3-5 "十五"到"十二五"新疆农业生态效率变化趋势图

3.3.3 地州市层面测度及分析

由图 3-6 可知:

（1）新疆 14 个地州市综合农业生态效率值中最高为 3.682，最低为 0.713，平均值为 1.17，说明地区间农业生态效率存在不平衡性。结合相关研究[59,204]，将 DMU 的综合技术效率值强度分为 3 类:①综合农业生态效率≥1，为生产前沿面有效地区。这类地区有克拉玛依市、吐鲁番市、巴州和喀什地区，占 28.6%，这 4 个地区农业投入产出已达最优水平。其原因为:克拉玛依市是一座典型的工业化石油城，农业比重只有 0.82%，干旱缺水决定了其只能发展高效节水农业;吐鲁番地区极度干旱，自古以来"坎儿井"节水工程就比较突出，水资源利用率极高;喀什地区是农业大区，巴州是农牧业大区，二者的农业投入产出均达到了最优水平，保持了农业经济发展和资源环境保护的协调发展。②综合农业生态效率在 0.900 和 1 之间，为边缘非效率地区，这类地区有和田地区、博州、阿勒泰地区和伊犁州直，占 28.6%。这些地区农业生态效率值在全区平均水平以上，资源配置没有达到最优，有进一步提升的空间。③综合农业生态效率小于 0.900，为明显非效率地区，这类地州市数量最多，有 6 个，包括阿克苏地区、塔城地区、哈密市、克州、乌鲁木齐市和昌吉州，占了 42.8%，农业生态效率都低于平均值。这类地区农业生产发展极不平衡，需要通过改变农业投入和产出来推动农业生态效率达到有效状态。综合分析，新疆各地区农业生态效率分布没有太多的规律性，农业生态效率高的既有北疆工业重镇，也有南疆 4 地州等经济落后地区。

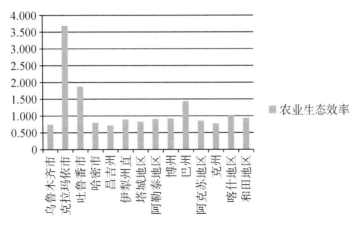

图 3-6　新疆各地州市农业生态效率均值比较

（2）结合 2001—2015 年各地州市生态效率走势图（图 3-7~图 3-20），可以将新疆 14 个地州市分为以下几种类型。

一是持续上升型：即便是中间有个别年份有少量下降，总体还是呈不断上升趋势。这类地州市有克拉玛依市、吐鲁番市、巴州、塔城地区。这类地区发展比较有规划、平稳，每年都几乎在提升农业生态效率，是农业经济发展和资源开发、环保节能发展比较均衡的地区。

二是先降后升"W"型：表现在"十五"期间下降，从"十一五"开始上升，后又下降，"十二五"再上升。这类地州市有伊犁州直、阿勒泰地区、乌鲁木齐市、昌吉州这几个北疆地区。这类地区表现为阶段性起伏、起伏幅度较大，生态效率变化随阶段性环保政策调整变化比较明显。这与王宝义和张卫国[90]对全国 1993—2013 年农业生态效率变动趋势的研究结果相似。

三是升降升"N"型，表现在"十五"期间上升，"十一五"下降，"十二五"又上升。这类地区有阿克苏地区、克州，属曲折上升型。

四是先升后降"M"型：表现在多次上升后，最后阶段"十二五"趋于下降。这类地区有喀什地区、和田地区、博州。

五是持续下降型：即便是中间有个别年份有少量上升，总体还是呈不断下降趋势。这类地州市只有哈密市。这与哈密市的经济政策调整有关，哈密市自 2000 年起，经济结构由农业主导型向工业主导型转变。

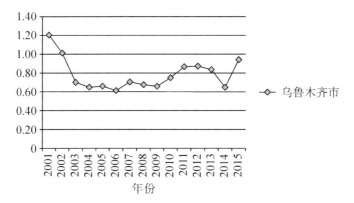

图 3-7　2001—2015 年乌鲁木齐市农业生态效率走势图

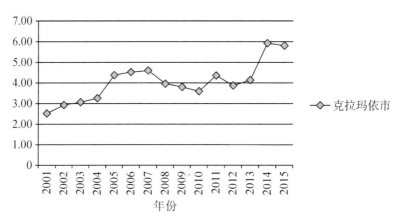

图 3-8　2001—2015 年克拉玛依市农业生态效率走势图

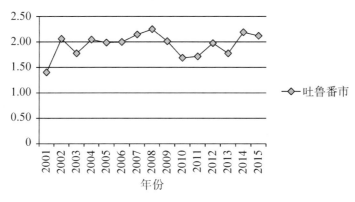

图 3-9　2001—2015 年吐鲁番市农业生态效率走势图

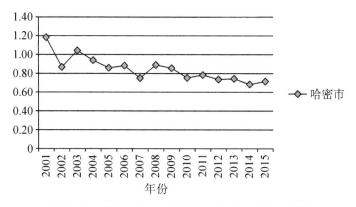

图 3-10　2001—2015 年哈密市农业生态效率走势图

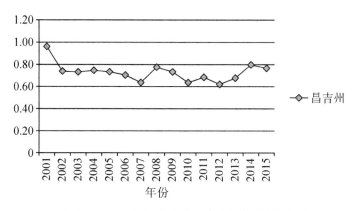

图 3-11　2001—2015 年昌吉州农业生态效率走势图

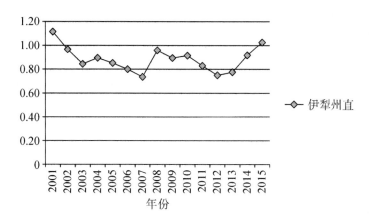

图 3-12　2001—2015 年伊犁州直农业生态效率走势图

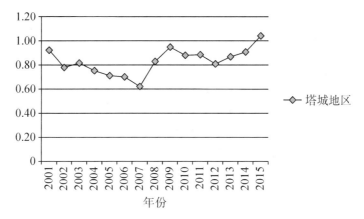

图 3-13　2001—2015 年塔城地区农业生态效率走势图

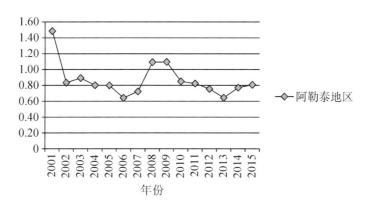

图 3-14　2001—2015 年阿勒泰地区农业生态效率走势图

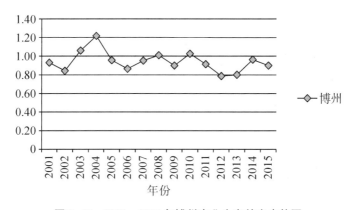

图 3-15　2001—2015 年博州农业生态效率走势图

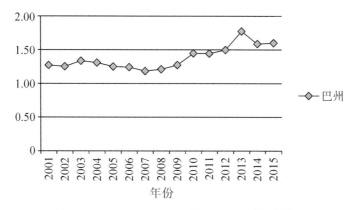

图 3-16　2001—2015 年巴州农业生态效率走势图

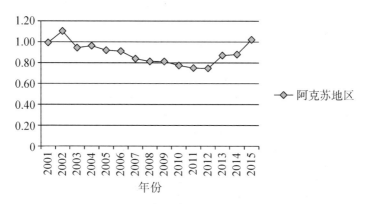

图 3-17　2001—2015 年阿克苏地区农业生态效率走势图

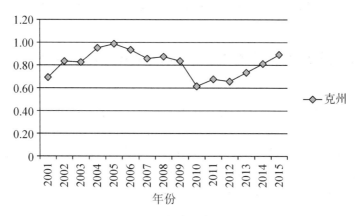

图 3-18　2001—2015 年克州农业生态效率走势图

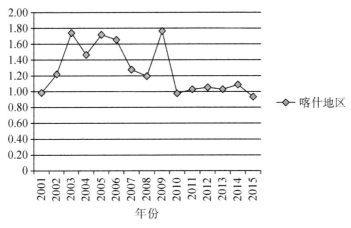

图 3-19　2001—2015 年喀什地区农业生态效率走势图

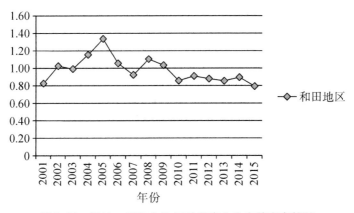

图 3-20　2001—2015 年和田地区农业生态效率走势图

3.4　动态生态效率分析（Malmquist 指数分析）

为了更好地分析新疆生态效率的变化趋势，本节运用 DEAP 2.0 软件，采用 Malmquist 指数模型对新疆 14 个地州市 2001—2015 年的面板数据进行测度分析，得到 2001—2015 年农业生态效率动态变化情况。Malmquist 指数包括综合技术效率指数（EC）、技术进步指数（TC）、纯技术效率指数（PE）、规模效率指数（SE）和全要素生产率指数（TFP）。

3.4.1　时间变化趋势分析

表 3-6 显示了 2001—2015 年新疆农业生态效率 Malmquist 指数。

表 3-6 2001—2015 年新疆农业生态效率 Malmquist 指数

		EC	TC	PE	SE	TFP
年份	2001—2002	0.966	0.941	0.994	0.972	0.909
	2002—2003	0.989	1.113	0.993	0.996	1.101
	2003—2004	0.994	1.024	0.996	0.999	1.018
	2004—2005	0.982	1.094	1.002	0.980	1.074
	2005—2006	0.961	1.091	1.005	0.957	1.049
	2006—2007	0.974	1.135	0.976	0.999	1.106
	2007—2008	1.099	0.874	1.004	1.095	0.961
	2008—2009	0.985	1.089	0.976	1.010	1.073
	2009—2010	0.946	1.176	0.961	0.984	1.112
	2010—2011	1.014	1.075	1.017	0.997	1.090
	2011—2012	0.955	1.123	0.956	0.998	1.072
	2012—2013	1.018	1.021	1.024	0.994	1.039
	2013—2014	1.041	0.939	1.046	0.995	0.978
	2014—2015	1.042	0.981	1.009	1.033	1.022
	年平均	0.997	1.045	0.997	1.000	1.042
时段	"十五"	0.978	1.053	0.998	0.981	1.030
	"十一五"	1.004	1.070	0.987	1.017	1.068
	"十二五"	1.014	1.016	1.009	1.005	1.028

由表 3-6 可知:

(1) 2001—2015 年新疆农业生态效率全要素几乎都在 1.0 以上,均值为 1.042,只有 2007—2008 年、2013—2014 年有短暂回落,全要素生产率小于 1.0,但总体呈逐年增长趋势,年均增长幅度为 4.2%,这说明新疆农业生态效率总体呈良性增长势头。从"十五""十一五""十二五"三期变化情况分析,全要素生产率均值都大于 1,呈增长态势。

(2) 从各指数变化情况分析,技术进步指数均值为 1.045,平均每年增长 4.5%,对农业生态效率提升的贡献最大,是促进农业生态效率提升的最主要因素,这与"十五"以来,新疆重视农业科技的引进、推广和应用分不开。而综合技术效率指数、纯技术效率指数平均值均为 0.997,都小于 1,说明技术应用水平较低,且对农业生态效率的贡献为负。从三个五年计划变化情况分析，从"十五"到"十二五"，技术进步指数均值大于1，呈增长态势，而综合技术效率指数、纯技术效率指数均值都小于1，但自"十一五"末开始稳步上升，到"十二五"末，分别上升7.6%和5.2%，说明"十五"和"十一五"期间新疆农业技术应用水平和应用效率一直不高，"十二五"得到提升。其主要原因是农业科技服务体系不健全，农业科技人员和农民素质不高，综合服务能力和手段落后，高新技术在农业生产和加工转化中的应用水平较低。"十二五"期间，新疆发展政策进行了调整。由于新疆跨越式发展重大决策的提出以及19省市援疆等政策的实施，农业科技应用水平有了大幅度提高。规模效率指数只有三个年度大于1，占21.4%，整体水平不高，说明新疆农业生产规模配置不合理。综合分析，技术进步指数对新疆农业生态效率增长的贡献最大，为4.5%，起促进作用，而综合技术效率指数、纯技术效率指数、规模效率指数对新疆农业生态效率的增长的贡献均为负或零，起制约作用。

3.4.2 空间分布分析

为进一步分析新疆Malmquist指数变化的构成和原因，我们对新疆14个地州市Malmquist指数进行分解分析（见表3-7）。

表3-7 新疆14个地州市农业生态效率Malmquist指数

		EC	TC	PE	SE	TFP
地区	乌鲁木齐市	0.996	1.046	1.000	0.996	1.041
	克拉玛依市	1.000	1.052	1.000	1.000	1.052
	吐鲁番市	1.000	1.115	1.000	1.000	1.115
	哈密市	0.976	1.045	0.978	0.998	1.02
	昌吉州	0.984	1.062	0.981	1.002	1.045
	伊犁州直	1.000	1.011	1.000	1.000	1.011
	塔城地区	1.006	1.039	1.000	1.006	1.045
	阿勒泰地区	0.985	0.988	0.986	0.999	0.973
	博州	0.998	1.048	0.999	0.998	1.045
	巴州	1.000	1.065	1.000	1.000	1.065
	阿克苏地区	1.000	1.047	1.000	1.000	1.047
	克州	1.018	1.039	1.010	1.009	1.058
	喀什地区	0.996	1.033	1.000	0.996	1.029
	和田地区	0.997	1.043	1.001	0.997	1.04
地区平均		0.997	1.045	0.997	1.000	1.042

由表 3-7 可知：

（1）2001—2015 年各地州市全要素农业生态效率增长率除了阿勒泰地区小于 1 外，其余 13 个地区全都大于 1，均值为 1.042，呈逐年增长趋势，年均增长幅度为 4.2%。这说明除阿勒泰地区外，各地州市农业生态效率从 2001 至 2015 年均呈逐年增长态势。其中吐鲁番市增长幅度最高，为 11.5%，主要归因于农业技术的提高；克州虽然农业生态效率偏低，但增长速度很快，为 5.8%，进步较大；哈密市、伊犁州直增长速度较慢，分别为 2%、1.1%；阿勒泰地区农业生态效率呈现"逆增长"，主要受技术进步、技术效率和规模效率的综合制约，需要进一步加大农业技术引进、推广力度和农业技术应用水平，调整资源配置。

（2）从各指数变化情况分析，技术进步指数均值为 1.045，平均每年增长 4.5%，对农业生态效率提升的贡献最大，是促进农业生态效率提升的最主要因素；而综合技术效率指数、纯技术效率指数平均值都小于 1，整体呈下降趋势，说明需进一步提升各地州市农业技术应用水平和效率；规模效率指数虽然平均值等于 1，但只有 2 个地州市大于 1，仅占 14.3%，大部分地州市呈下降趋势，说明大部分地州市农业资源配置不合理。综合分析，技术进步指数对新疆农业生态效率增长的贡献最大，起促进作用，而综合技术效率指数对新疆农业生态效率的增长起制约作用。这说明新疆大部分地州市比较重视农业新技术的研发、引进，并取得一定成效，但新技术的应用水平、应用效率较低，资源配置不合理，今后有待提高。

3.5　农业生态效率投入产出冗余分析

3.5.1　农业生态效率损失原因分析

本章将 2001—2015 年新疆各地区各投入变量松弛量除以对应的投入指标值得到投入冗余率，将产出变量农业产值松弛量除以相应的农业产出值得到农业产出冗余率[141]。计算结果如表 3-8 和图 3-21～图 3-29 所示，农业生态效率有效地区不列在表中。

表 3-8　农业生态效率投入产出指标冗余率　　　　　单位:%

		农村劳动力人数	农村播种面积	农业机械总动力	有效灌溉面积	农村用电量	化肥使用量	COD排放量	氨氮排放量	农业生产总值
地区	乌鲁木齐市	-41.91	-65.56	-45.50	-76.24	-28.32	-20.51	-85.86	-87.25	0.00
	哈密市	-28.16	-45.59	-31.88	-68.87	-38.99	-28.16	-83.68	-74.69	0.00
	昌吉州	-30.12	-56.51	-36.15	-63.43	-29.07	-29.07	-85.80	-79.39	0.00
	伊犁州直	-86.17	-52.94	-45.47	-42.03	-10.18	-10.18	-80.61	-32.82	0.00
	塔城地区	-0.97	-16.47	-28.55	-13.91	-0.97	-1.48	-68.98	-0.97	0.00
	阿勒泰地区	-66.32	-70.21	-55.68	-77.32	-22.69	-22.69	-90.09	-69.08	0.00
	博州	-9.21	-28.90	-12.21	-45.79	-19.18	-13.76	-47.01	-9.21	0.00
	克州	-73.44	-30.52	-60.08	-25.70	-21.69	-21.69	-72.07	-21.69	0.00
地区平均		-42.04	-45.84	-39.44	-51.66	-21.39	-18.44	-76.76	-46.89	0.00

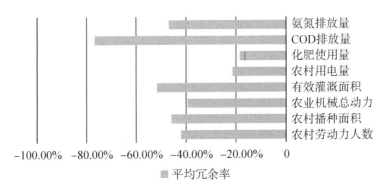

图 3-21　各投入产出指标平均冗余率比较分析

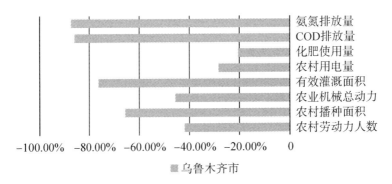

图 3-22　乌鲁木齐市平均冗余率比较分析

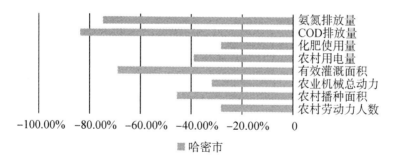

图 3-23　哈密市平均冗余率比较分析

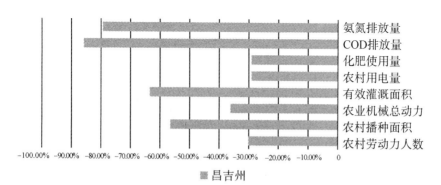

图 3-24　昌吉州平均冗余率比较分析

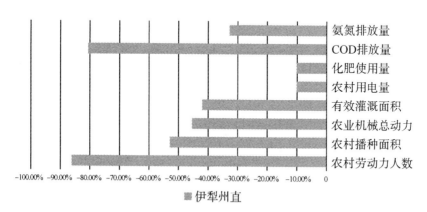

图 3-25　伊犁州直平均冗余率比较分析

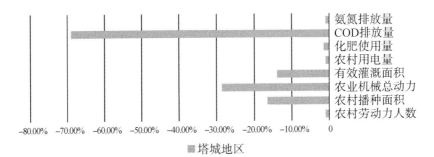

图 3-26　塔城地区平均冗余率比较分析

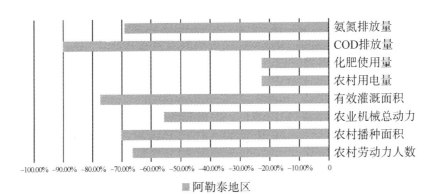

图 3-27　阿勒泰地区平均冗余率比较分析

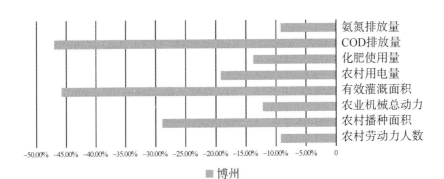

图 3-28　博州平均冗余率比较分析

典型干旱资源开发型区域生态效率评估及提升策略分析——以新疆为例

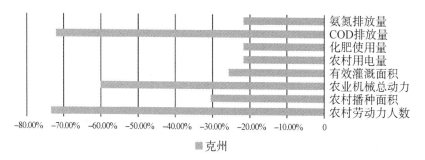

图 3-29　克州平均冗余率比较分析

由表 3-8、图 3-21~图 3-29 各地州市指标冗余率图得出如下结论：

（1）各地区产出指标农业生产总值的冗余率都为零，投入要素都存在冗余。这说明农业产出不足并不是农业生态效率损失的原因，资源消耗过多和环境污染物排放过量是农业生态效率低下的主要原因。

（2）从冗余率均值来看，造成农业生态效率损失的主要影响因素为 COD 排放量、有效灌溉面积、氨氮排放量、农村播种面积、农村劳动力人数。

（3）从各地区来看，不同地区农业生态损失的主要原因有所不同。

乌鲁木齐市、哈密市、昌吉州的主要影响因素是有效灌溉面积、农村播种面积、COD 排放量和氨氮排放量以及农村用电量和化肥使用量。

伊犁州直、阿勒泰地区、克州的主要影响因素依次为农村劳动力人数、农业机械总动力、农村播种面积和 COD 排放量。

博州、塔城地区无论是资源利用指标还是环境类指标冗余率均较低，未超过平均值，说明这两个地区农业生产在节能环保方面利用率相对较高。

3.5.2　改善途径分析

3.5.2.1　资源消耗投入指标分析

（1）劳动力投入。由图 3-30 可知，农村劳动力人数冗余率较高，超过平均值的地区有伊犁州直、克州、阿勒泰地区。这几个地区是新疆主要的农牧区，产业以农牧业为主，出现劳动力投入过剩问题，降低了生态效率。需从调整种养殖结构、提高劳动生产率、加强劳动力转移、减少劳动力等方面着手解决劳动力过剩问题。

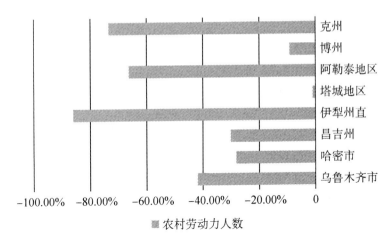

图 3-30　各地州市农村劳动力人数冗余率比较

（2）农村播种面积。由图 3-31 可知，农村播种面积冗余率较高，超过平均值的地区有阿勒泰地区、乌鲁木齐市、昌吉州、伊犁州直。这几个地区都属于北疆地区，农村人口少、耕地多，导致播种面积过剩，没有充分发挥土地的效力。

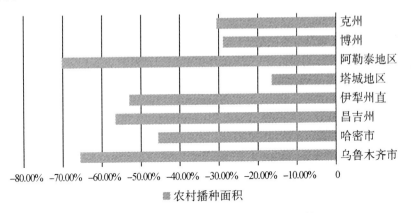

图 3-31　各地州市农村播种面积冗余率比较

（3）农业机械总动力。由图 3-32 可知，农业机械总动力冗余率较高，超过平均值的地区有克州、阿勒泰地区、乌鲁木齐市、伊犁州直，这形成了较大的改善潜力。

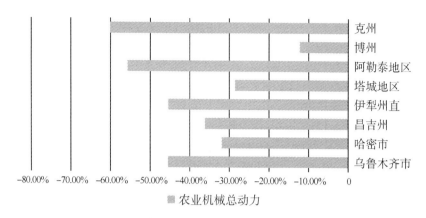

图 3-32　各地州市农业机械总动力冗余率比较

（4）水资源投入。新疆是农牧业大区，水资源是农业发展的基础资源。据相关资料分析，新疆是全国农业用水量比较突出的省份[96]。由图 3-33 可知，阿勒泰地区、乌鲁木齐市、哈密市、昌吉州水资源投入量较高。因此，如何提高水资源利用效率，大力发展节水农业是这些地区亟待解决的问题。

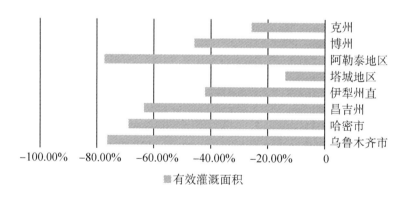

图 3-33　各地州市有效灌溉面积冗余率比较

（5）农村用电投入。由图 3-34 可知，哈密市、昌吉州、乌鲁木齐市农村用电量投入过多，造成能源浪费，提高能源利用率是今后改善的方向。

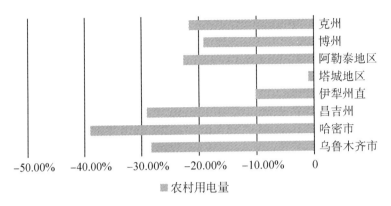

图 3-34　各地州市农村用电量冗余率比较

（6）化肥投入。化肥投入要适量，过多的化肥投入会导致农业发展的效率损失。由图 3-35 可知，昌吉州、哈密市、阿勒泰地区、克州、乌鲁木齐市化肥投入过量，有很大的改善空间，降低化肥投入改用绿肥或提高化肥利用率对这些地区农业生态效率的改善具有重要作用。

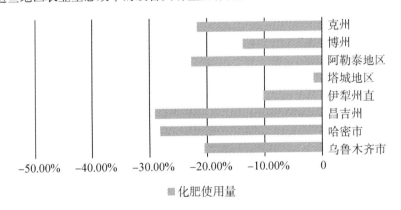

图 3-35　各地州市化肥施用量冗余率比较

3.5.2.2　环境污染投入指标分析

COD 和氨氮排放量指标是农业面源污染代表性指标，主要来源于农业生产废弃物、畜禽养殖、化肥残留及农村生活污水[185-186]，是农业生态效率重要和普遍影响因素。由图 3-36、图 3-37 可知，乌鲁木齐市、哈密市、昌吉州、伊犁州直、阿勒泰地区农业面源污染比较突出，主要来源于规模化养殖和农产品废弃物，采取措施降低这些地区农业面源污染排放是提高农业生态效率的关键。

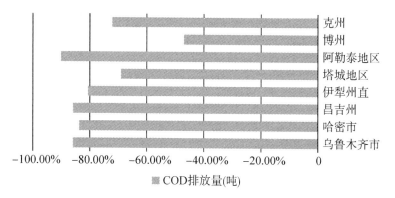

图 3-36　各地州市 COD 排放量冗余率比较

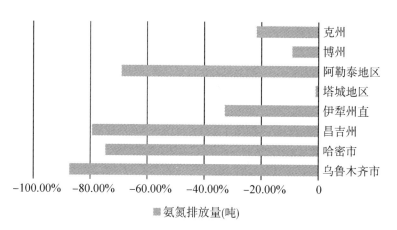

图 3-37　各地州市氨氮排放量冗余率比较

3.6　影响因素分析

3.6.1　研究现状

根据国内外研究综述可知,对宏观层面的生态效率的研究以国内学者居多。而当前国内学者针对资源型城市进行农业生态效率测算的非常少见,对其进行影响因素分析的就更加少见,代表人物有程翠云[93]、洪开荣等[94]、吴贤荣等[187]、韩海彬[188]、肖新成等[189]、王丽影[190]等,概况如表3-9所示。

表 3-9　区域农业生态效率影响因素研究概况

作者	研究对象	影响因素	研究方法
程翠云[93]	2003—2010 年我国 31 个省份	地均化肥施用量、农业财政支出、教育状况、人均土地面积、机械总动力、农业用水量	Logistic 回归分析
洪开荣等[94]	2005—2013 年我国 30 个省份	农业市场化程度、机械密度、受灾率、财政支农力度、工业化发展水平、人均农业 GDP	Tobit 分析
韩海彬[188]	1993—2010 年我国 29 个省份	农业比重、支农力度、农村教育发展水平、农村工业化、农民收入水平	Tobit 模型
吴贤荣等[187]	2000—2011 年我国 31 个省份	农业经济发展水平、产业结构、对外开放程度、耕地面积构成情况、耕地规模、劳动力文化水平、受灾程度	Tobit 模型
王丽影[190]	长江经济带	区域经济发展、农作物受灾程度、产业结构和机械化水平、劳动力文化水平、政府财政支农力度、城镇化水平	回归分析
肖新成等[189]	2000—2012 年三峡生态屏障区	农业经济发展水平、农产品价格指数、农村居民受教育程度、农业产业结构、经济作物与粮食作物的比例、人均耕地面积、农业生产设施条件、基础设施的投资、降雨径流	随机效应 Tobit 模型

3.6.2　指标选取及数据说明

本节充分考虑新疆的实际情况和资源型城市的特点，在研究前人文献的基础上，兼顾数据的可得性，设置 7 项影响因素实证指标。

（1）农业产业结构（APS）：用农牧业比例衡量。

（2）人均农业 GDP（AGDP）：用农业 GDP 与农业人口之比衡量。

（3）种植业结构（CS）：用经济作物种植面积占农作物面积之比衡量。

（4）工业化发展水平（Istr）：用乡镇企业从业人数衡量。

（5）环保措施（ENV）：用环保治理投资占农业经济生产总值的比例衡量。

（6）机械密度（MD）：用农业机械总动力与农作物的比重来衡量。

（7）财政支农力度（FE）：以农林水事务支出占地方财政支出的比重表示。

3.6.3 模型建立

以上述 7 项指标为自变量，以静态农业生态效率值为因变量，运用 Stata 软件进行 Tobit 回归分析，建立如下回归方程：

$$AE = \alpha + \beta_1 \ln(APS) + \beta_2 \ln(AGDP) + \beta_3(CS) + \beta_4 \ln(Istr) + \beta_5(ENV) + \beta_6 \ln(MD) + \beta_7(FE) + \mu$$

式中，AE 表示农业生态效率，α 为常数项，β_i 为待估参数，μ 为随机误差项，回归结果见表 3-10。

表 3-10 农业生态效率影响因素的 Tobit 回归分析一览表

解释变量	系数	标准差	Z 统计量	显著性水平
常数项（constant）	2.126	0.288 3	7.374	***
ln 农业产业结构（APS）	0.200 2	0.089 7	2.232	*
ln 人均农业 GDP（AGDP）	0.640 4	0.151 6	4.226	***
种植业结构（CS）	0.417 8	0.269 2	1.552	
ln 工业化发展水平（Istr）	−2.268	0.298 3	−7.604	***
环保措施（ENV）	0.010 9	0.019 4	0.564	
ln 机械密度（MD）	−1.075	0.313 5	−3.43	***
财政支农力度（FE）	0.000 5	0.000 2	2.366	*

注：***、**、* 分别表示 0.1%、1%、5% 的显著性水平。

3.6.4 结果分析

由表 3-10 可知，农业产业结构、人均农业 GDP、财政支农力度与农业生态效率呈显著正相关关系，种植业结构、环保措施与农业生态效率呈正相关关系。工业化发展水平、机械密度与农业生态效率呈显著负相关关系，说明农业产业结构、人均农业 GDP、财政支农力度均对农业生态效率起促进作用，而工业化发展水平、机械密度对农业生态效率起抑制作用。

要想进一步提高农业生态效率，结合影响因素，主要应采取以下措施：

第一，调整农业产业结构，扩大农业种植业产业规模，增加经济作物的比重；

第二，通过劳动力转移、发展科技农业等措施提高农业生产效能，增加农民收入；

第三，增加财政支农力度，兴修农林水利等基础涉农设施，增加生态效率；

第四，有针对性地进行农村环保投资，加强农业面源污染防治；

第五，适度发展乡镇企业，防止工业污染向农村地区转移；

第六，农业机械动力投入过剩，需暂缓投入，去库存，提高设备的应用效率。

3.7 本章小结

（1）与全国各省区市相比，新疆农业生态效率水平低下。

与全国各省区市横向比较发现，新疆农业生态效率为 0.67，在全国排名第 28 位，仅为第 1 名海南的 1/3，即便与西北其他省区相比，也处于落后位置，说明新疆总体农业生态效率仍然较低，且在全国处于落后地位。

（2）空间分布存在不平衡性。

通过对新疆 14 个地州市间农业生态效率的比较可知，最高为 3.68，最低为 0.71，最高约为最低的 5.18 倍，北疆、东疆、南疆三个片区连续 15 年的农业生态效率平均值分别为 1.30、1.39、1.07，全部都达到有效生产前沿面，东疆>北疆>南疆，存在明显差异，说明地区间农业经济发展存在不平衡性。同时，14 个地州市中只有克拉玛依市、吐鲁番市、喀什地区和巴州这 4 个地州市的生态效率值大于 1，达到有效生产前沿面，说明大部分地区生态效率水平偏低。

（3）从时间序列分析，2001—2015 年，农业生态效率虽然有小的波动，但总体呈现逐年上升趋势，从 2001 年的 0.62 至 2012 年的 1.03，再到 2012—2015 年连续 4 年农业生态效率都大于 1，达到有效生产前沿面；从"十五"期间的 0.68 到"十一五"期间的 0.76，再到"十二五"期间的 1.01，农业生态效率得到了阶段性提升，逐步实现了从无效状态到有效生产前沿面。这说明新疆这些年通过自身在发展中调整，以及借助中央新疆工作座谈会和 19 省市援疆等国家扶持政策，用 3 个五年计划逐步实现了农业生产经济增长和资源节约、环境保护的协调发展。

（4）通过 Malmquist 指数分解分析，发现技术进步指数对农业生态效率提升贡献最大，是农业生态效率提高的促进因素；而综合技术效率变化指数、纯技术效率变化指数和规模效率变化指数对农业生态效率起制约作用。因此，提升农业生态效率的关键是加强农业技术研究和扶持推广力度，同时要提高农业技术应用水平、控制投入规模，减少化肥、农药等的过度使用，减少资源浪费。

（5）从投入产出冗余分析，造成新疆农业生态效率损失的原因并不是农业产出的不足，而是资源消耗过多和环境污染物排放过量。从冗余率均值高低来看，造成农业生态效率损失的主要影响因素为 COD 排放量、有效灌溉面积、氨氮排放量、农村播种面积、农村劳动力人数。

（6）从影响因素分析，农业产业结构、人均农业 GDP、财政支农力度与农业生态效率呈显著正相关关系，对农业生态效率起促进作用；而工业化发展水平、机械密度与农业生态效率呈显著负相关关系，对农业生态效率起抑制作用。因此，各地区应从调整农业产业结构、增加财政支农力度、增加农民收入等方面着手，促进资源合理配置，提升农业生态效率。

4 新疆工业生态效率实证研究

工业生态效率被定义为某一区域工业企业生产产品的总量与资源消耗和环境影响的比值[104]。其最初应用于企业层面，随着研究的不断深入，逐渐向微观和宏观方面发展。国外侧重于微观方面如工业产品的研究，Huppes 等[64]对荷兰石油和天然气产品进行了生态效率评价，Hahn 等[65]对德国大型企业的二氧化碳生态效率进行了研究；我国对城市、区域等大尺度工业生态效率的研究较广泛，高峰等[104]、卢燕群等[117]、汪东等[118]对全国 30 个省份的工业生态效率进行了测算和评价，还有学者分别对北京、山东、四川、湖南等地工业生态效率进行了研究。工业生态效率较为成熟的研究方法主要有传统的数据包络分析法（DEA）、DEA-SBM 模型法、超效率 DEA 模型法。

对新疆干旱资源开发型省区工业生态效率方面的研究资料较少，且不全面。贾卫平[110]以新疆天业为研究对象，探讨了新疆氯碱化工产业生态效率的内涵。本章主要以 2001—2015 年 3 个五年计划期间新疆工业面板数据为样本，采用超效率 DEA 模型、CCR 模型、Tobit 模型对新疆 14 个地州市工业生态效率的时空分布特征和影响因素进行了研究，旨在为新疆实现资源开发和生态环境保护可持续提供依据，为新疆尽快实现党的十八大、十九大提出的大力推进生态文明建设的目标，建设资源节约型和环境友好型社会提供技术支撑。

4.1 指标体系构建和数据来源

4.1.1 评价指标体系构建

本章在选取地区工业生态效率评价指标时，主要参考前人的研究成果（付丽娜等[59]、高峰等[104]、卢燕群等[117]、汪东等[118]、王震等[119]），结合新疆的特点，从资源要素、环境要素、经济要素 3 方面考虑，选择了能源、电力、水资源 3 类资源消耗指标，以及废气、废水、固废 3 类环境污染物排放作为投入指标，将经济价值作为产出指标，构建了工业生态效率评价指标体系（表 4-1）。其中投入产出指标数据来源于相关各年的《新疆维吾尔自治区统计年鉴》《新疆环境统计年报》以及各地州市统计年鉴。

表 4-1　工业生态效率评价指标体系

宏观指标	类别	具体指标	单位
投入指标	资源消耗	能源消耗	工业能源消费总量（10^4t 标煤）
		电力消耗	工业用电消耗总量（10^8kWh）
		水资源消耗	工业用水总量（10^8m³）
	环境污染	废气排放	工业废气（10^8m³）
			工业二氧化硫（t）
			工业氮氧化物（t）
		废水排放	工业废水排放量（10^4t）
			工业氨氮（t）
			工业化学需氧量（t）
		固废排放	一般工业固体废物（10^4t）
产出指标	经济价值	经济发展总量	工业生产总值（10^8元）

4.1.2　研究样本与数据选择

4.1.2.1　研究样本

本章主要以新疆及所辖 14 地州市（不含新疆生产建设兵团）为研究对象，按地理分布将新疆分为 3 个区域——北疆地区：包括乌鲁木齐市、昌吉回族自治州（以下简称"昌吉州"）、克拉玛依市、伊犁哈萨克自治州直属县市（以下简称"伊犁州直"）、阿勒泰地区、塔城地区、博尔塔拉蒙古自治州（以下简称"博州"）。南疆地区：包括巴音郭楞蒙古自治州（以下简称"巴州"）、阿克苏地区、喀什地区、和田地区、克孜勒苏柯尔克孜自治州（以下简称"克州"）。东疆地区：包括哈密市和吐鲁番市。

4.1.2.2　数据来源

（1）2002—2016 年《新疆维吾尔自治区统计年鉴》、2001—2015 年《新疆环境统计年报》、2001—2015 年《新疆维吾尔自治区国民经济与社会发展统计公报》、2001—2015 年《新疆维吾尔自治区环境状况公报》；

（2）《中国环境统计年鉴》《中国统计年鉴》；

（3）2002—2016 年新疆各地州市统计年鉴、国民经济与社会发展统计公报；

（4）地州市网站；

另外，部分数据来源于中国知网中国经济与社会发展统计数据库。

4.2 评价方法

工业生态效率静态测度采用超效率 DEA 模型，动态测度分析采用 DEA-Malmquist 指数法，影响因素分析采用 Tobit 模型。具体方法原理和公式见第 2 章 2.4.2 节。

4.3 静态生态效率测度及分析

本章运用 DEA-SOLVER PRO 软件，采用投入导向的超效率 DEA 模型对新疆工业生态效率主要从省级层面、区域层面和地州市层面进行测度和分析。

4.3.1 省级层面测度及分析

4.3.1.1 与其他各省份比较分析

由表 4-2、图 4-1 可见，全国工业生态效率均值为 1.29，其中达到有效生产前沿面的省份有 15 个，新疆工业生态效率为 0.73，在全国排名第 28 位，约为第 1 名海南的 16.44%，约为平均值的 56.5%，与西北其他省区相比，位于甘肃、宁夏之前，也位于同是资源开发大省的山西之前，但在全国仍处于落后位置，说明新疆总体工业生态效率仍然较低。

表 4-2 2015 年全国各省份工业生态效率（不含港澳台地区）

	省份														
	北京	天津	河北	山西	内蒙古	辽宁	吉林	黑龙江	上海	江苏	浙江	安徽	福建	江西	山东	河南
生态效率	1.92	1.22	0.83	0.69	1.52	1.21	1.07	0.78	1.34	0.98	1.06	0.85	1.18	0.88	2.98	0.84
排名	5	9	24	29	7	10	14	26	8	17	15	12	5	21	2	23

表4-2（续）

	省份														省份
---	湖北	湖南	广东	广西	海南	重庆	四川	贵州	云南	西藏	陕西	甘肃	青海	宁夏	新疆	平均
生态效率	0.94	1.70	2.00	0.98	4.44	0.77	0.96	0.97	1.16	2.51	1.20	0.65	0.82	0.67	0.73	1.29
排名	20	6	4	16	1	27	19	18	13	3	11	31	25	30	28	—

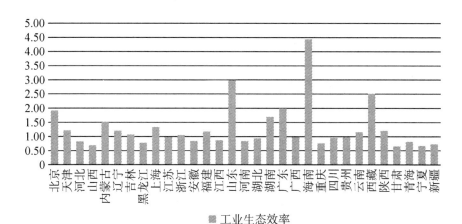

图 4-1　全国各省份工业生态效率比较（不含港澳台地区）

4.3.1.2　时间序列变化分析

运用超效率 DEA 模型和 DEA-CCR 模型同时测度 2001—2015 年连续 15 年的新疆工业生态效率值，对结果做一比较分析。结果见表 4-3 和图 4-2、图 4-3。

表 4-3　2001—2015 年新疆工业生态效率值

	年份							
---	2001	2002	2003	2004	2005	2006	2007	2008
超效率模型	0.73	0.61	0.64	0.82	0.96	0.96	0.88	1.28
CCR 模型	0.73	0.61	0.64	0.82	0.96	0.96	0.88	1.00

	年份							年平均
---	2009	2010	2011	2012	2013	2014	2015	
超效率模型	0.87	1.04	1.13	1.00	1.02	1.12	1.14	0.95
CCR 模型	0.87	1.00	1.00	1.00	1.00	1.00	1.00	0.90

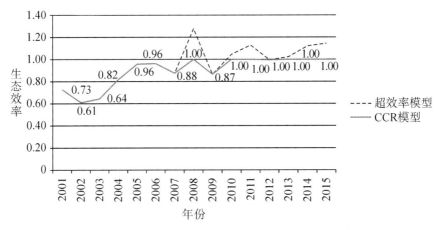

图 4-2 2001—2015 年新疆生态效率变动趋势

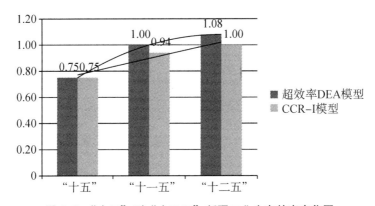

图 4-3 "十五"到"十二五"新疆工业生态效率变化图

从表 4-3 和图 4-2、图 4-3 可知:

(1) 自 2001 年至 2015 年,工业生态效率呈波动式上升趋势,其中出现了 2006 年、2008 年、2011 年、2015 年几个峰值,工业生态效率值分别为 0.96、1.28、1.13、1.14,最高峰值为 2008 年的 1.28。从生态效率三个五年计划变化情况分析,生态效率从"十五"期间的 0.75 到"十一五"期间的 1.00,再到"十二五"期间的 1.08,一直处于阶段性稳步上升状态,尤其从 2010 年"十一五"末开始,生态效率一直都稳定在 1.00 以上,保持在有效生产前沿面。这说明新疆自 2001 年开始,通过一系列节能减排措施,通过三个五年计划逐步实现了工业经济增长和资源节约、环境保护的协调发展,尤其是"十二五"期间,工业生产进入全新发展模式,工业生态效率连续 6 年达到有效生产前沿面,实现了工业生产的稳定、协调、可持续发展。这主要得益于 2010

年以后中央对新疆经济发展的大力扶持、先后两次中央新疆工作座谈会的召开以及 19 省市援疆政策的实施。

（2）通过超效率 DEA 模型和 CCR 模型比较分析可以看出：两种模型计算出的工业生态效率值在达到有效生产前沿面之前，也就是工业生态效率值小于 1.00 之前，测算值都是一样的，只是到了 1.00 以后，CCR 模型就成了定性分析，所有大于 1.00 的工业生态效率值都用 1.00 表示，显示已到有效生产前沿面，存在无法进一步排名和定量分析的缺陷，而超效率 DEA 模型很好地解决了这个问题，使得工业生态效率值在大于 1.00 以后仍然可以继续精确计量，便于排名和差距分析。从图 4-2 我们可以明显看出两条折线的区别，CCR 模型从 2010 年开始到 2015 年只是保持在一条平行直线状态，无法显示峰值，而超效率 DEA 模型则更加明确地显示出几个峰值和差距。

4.3.2 区域层面测度及分析

从表 4-4 和图 4-4、图 4-5 可知：

（1）北疆、东疆、南疆连续 15 年的工业生态效率平均值分别为 2.04、2.85、1.21，全部达到有效生产前沿面，东疆>北疆>南疆。

（2）2001—2015 年，南疆工业生态效率成波动式上升趋势，增长 80%，北疆、东疆均呈波动式下降趋势。从"十五"到"十一五"再到"十二五"期间，南疆工业生态效率从 1.05 到 1.44 再到 1.36 大体上呈阶段式上升趋势，北疆工业生态效率从 2.3 到 2.12 再到 2.15，基本持平、略微下降，东疆从 2.75 到 4.05 再到 2.85，呈先升后降趋势。

表 4-4　2001—2015 年新疆 14 个地州市工业生态效率一览表

		年份							
		2001	2002	2003	2004	2005	2006	2007	2008
地 区	乌鲁木齐市	0.76	0.78	0.66	0.70	0.65	0.65	0.79	0.91
	克拉玛依市	10.26	10.26	10.81	12.12	12.03	10.41	11.12	10.24
	吐鲁番市	6.55	6.13	5.36	3.22	3.37	3.52	9.67	13.63
	哈密市	0.63	0.62	0.59	0.54	0.51	0.47	0.33	0.55
	昌吉州	0.67	0.67	0.50	0.64	0.59	0.59	0.52	0.57
	伊犁州直	0.97	0.96	0.90	0.84	0.55	0.57	0.53	0.61
	塔城地区	1.21	1.18	0.83	0.55	0.65	0.64	0.62	0.77
	阿勒泰地区	0.88	0.91	1.04	0.93	0.94	1.28	1.38	1.39

表4-4(续)

		年份							
		2001	2002	2003	2004	2005	2006	2007	2008
地区	博州	1.26	1.21	0.98	0.79	0.67	0.73	0.71	0.73
	巴州	1.63	1.63	1.03	1.01	1.36	1.57	1.51	1.53
	阿克苏地区	0.66	0.66	0.76	0.50	0.40	0.42	0.41	0.38
	克州	0.86	0.86	0.81	0.66	4.56	4.20	3.41	4.66
	喀什地区	1.07	1.30	0.91	0.81	0.63	0.67	0.77	0.76
	和田地区	0.87	0.86	1.01	0.68	0.71	0.77	0.86	0.69
	地区平均	2.02	2.00	1.87	1.71	1.97	1.89	2.97	3.60
区域	东疆	3.59	3.38	2.98	1.88	1.94	1.99	9.50	13.59
	南疆	1.02	1.06	0.90	0.73	1.53	1.53	1.39	1.60
	北疆	2.29	2.28	2.25	2.37	2.30	2.12	2.24	2.17

		年份							年平均
		2009	2010	2011	2012	2013	2014	2015	
地区	乌鲁木齐市	1.09	0.93	0.99	0.95	1.22	1.23	1.34	0.99
	克拉玛依市	8.90	4.81	13.95	10.40	10.17	6.23	4.30	8.97
	吐鲁番市	1.40	9.72	7.00	7.79	2.57	2.49	4.73	5.07
	哈密市	0.62	0.60	0.74	0.81	0.88	0.45	1.07	0.63
	昌吉州	0.73	0.61	0.55	0.49	0.69	0.63	0.76	0.68
	伊犁州直	0.91	2.79	3.02	0.98	0.86	0.62	0.69	0.82
	塔城地区	1.20	1.26	0.87	0.71	0.71	0.64	1.04	0.81
	阿勒泰地区	1.70	2.13	1.38	1.32	1.62	1.23	1.21	1.18
	博州	0.75	0.73	0.72	0.77	1.03	0.95	1.05	0.85
	巴州	1.55	1.31	1.54	1.58	1.36	1.54	1.42	1.52
	阿克苏地区	0.55	0.50	0.67	0.56	0.63	0.51	0.85	0.59
	克州	3.04	2.78	1.49	1.35	1.47	1.89	5.11	1.87
	喀什地区	0.88	0.59	0.94	0.98	0.92	1.22	1.02	0.96
	和田地区	1.25	0.99	0.94	1.36	2.03	1.72	0.81	1.12
	地区平均	1.75	2.12	2.49	2.15	1.87	1.53	1.81	1.86
区域	东疆	1.01	5.16	3.87	4.30	1.72	1.47	2.90	2.85
	南疆	1.45	1.23	1.12	1.17	1.28	1.38	1.84	1.21
	北疆	2.18	1.90	3.07	2.23	2.33	1.65	1.48	2.04

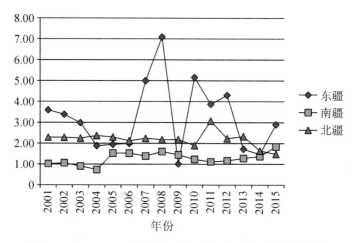

图 4-4 2001—2015 年新疆不同区域工业生态效率变动趋势

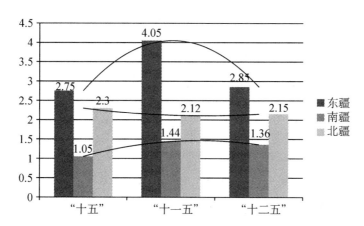

图 4-5 "十五"到"十二五"新疆不同区域工业生态效率变化趋势图

4.3.3 地州市层面测度及分析

2001—2015 年新疆 14 个地州市工业生态效率均值及排序见表 4-5 和图 4-6。

表 4-5 2001—2015 年新疆 14 个地州市工业生态效率平均值

模型	地区							
	乌鲁木齐市	克拉玛依市	吐鲁番市	哈密市	昌吉州	伊犁州直	塔城地区	阿勒泰地区
CCR 模型	0.99	1.00	1.00	0.63	0.68	0.82	0.81	1.00
超效率模型	0.99	8.97	5.07	0.63	0.68	0.82	0.81	1.18
排名	7	1	2	13	12	9	11	4

表4-5(续)

模型	地区						地区平均
	博州	巴州	阿克苏地区	克州	喀什地区	和田地区	
CCR 模型	0.85	1.00	0.59	1.00	0.96	1.00	0.88
超效率模型	0.85	1.52	0.59	1.87	0.96	1.12	1.86
排名	10	5	14	3	8	6	—

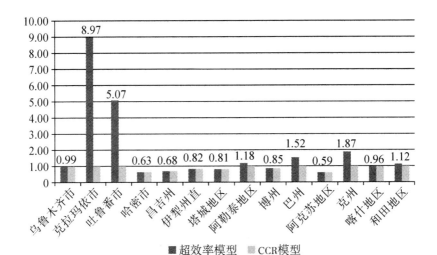

图4-6 新疆14个地州市工业生态效率

由表4-5和图4-6可知,与CCR模型相比,超效率DEA模型计算和测定工业生态效率值更加精确,有利于地区间排名和差距分析,以下均按照超效率DEA模型测定结果进行分析。

(1) 测定结果分析

14个地州市工业生态效率值最高的为8.97,最低的为0.59,前者约为后者的15.20倍,平均值为1.86,说明地区间工业生态效率存在不平衡性。结合相关研究[59,204],将DMU的综合技术效率值强度分为3类:①工业生态效率≥1,为生产前沿面有效地区。这类地区从高到低依次为克拉玛依市、吐鲁番市、克州、巴州、阿勒泰地区、和田地区,占42.8%,这6个地区工业投入产出已达最优水平。②工业生态效率在0.9和1之间,为边缘非效率地区。这类地区有乌鲁木齐市、喀什地区,占14.3%,这些地区资源配置没有达到最优,有进一步提升的空间。③工业生态效率小于0.9,为明显非效率地区,这类地州市数量较多，有 6 个，包括博州、伊犁州直、塔城地区、昌吉州、哈密市、阿克苏地区，占了 42.8%。

（2）地区间差距原因分析

一是对生态前沿有效地区的分析。工业生态效率高的地区中，最高的是克拉玛依市，为 8.97，其次为吐鲁番市，为 5.07，远远高于其他地区，剩下 4 个地区都在 1.0 和 2.0 之间。其原因在于：克拉玛依市是全国闻名的石油城，1955 年发现第一口油井，1958 年设市，下设 4 区，如今已经形成集采油、炼油于一体的综合石油生产基地，是一座典型的工业城，一、二、三产业结构比例为 0.82：70.83：28.35，2015 年工业生产总值达 1 074.34 亿元，是经济产值仅次于新疆首府乌鲁木齐的地区，之所以工业生态效率遥遥领先其他地区，其主要原因是工业技术成熟、能耗低、污染物排放少，真正做到了节能减排，是新疆先进工业城市的代表。而工业生态效率值排名第二的吐鲁番市是另外一个典型，2015 年工业产值为 210 亿元，在新疆各地州市中位于中游水平，农业人口占 70% 以上，是个典型的农业地区，但近几年工业发展势头迅猛，其工业生态效率高的主要原因是节水措施实施成效显著，污水排放量仅为 0.38 吨/万元工业生产总值，为新疆最低。因其气候极度干旱，自古以来就是个极度缺水的地区，所以从政府到民众，自上而下都有极强的节水意识，最有名的节水工程就是闻名全国的坎儿井了。还有克州、和田地区、阿勒泰地区都是典型的农牧业区，只有少数的农副产品加工，工业生产总值都不高，其中和田地区和克州工业产值全疆倒数第一和第二，其工业生态效率高的主要原因在于能耗低、污染物低排放。

二是对边缘非效率地区的分析。工业生态效率接近 1.00 的地区有乌鲁木齐市和喀什地区，乌鲁木齐市作为新疆的首府，工业 GDP 第一，2015 年达 2 063 亿元，其工业生态效率值均值为 0.99，"十二五"以来工业生态效率一直在持续提高，只要保持这种良好发展势头，在节能减排上继续加大力度，还有较大提升和改善空间。而喀什地区作为农业和人口大区，近几年工业生态效率也在持续提高，在节能、节水上还有很大提升空间，需进一步加强。

三是对明显非效率地区的分析。工业生态效率低于 0.9 的地区中，最低的是阿克苏地区，其次是昌吉州、哈密市、伊犁州直，这些地区与以上工业生态效率值高的地区相比有很大差距，有很大提高和改善的空间，还需要在节能、节水、减排上做大量的工作。

总体来说，新疆各地区间工业生态效率发展不平衡，主要分为两类情况：

第一类是工业发达地区，如克拉玛依市、乌鲁木齐市、昌吉州，需要在清洁生产和节能减排上进一步完善和提高；第二类是农牧业为主的地区，如克州、阿勒泰地区、伊犁州直、和田地区等，需进一步加大科技研发和推广力度，在节能增效上进一步强化和提高。新疆是极度干旱缺水的地区，节约水资源、加强水资源综合利用是关键，也是第一要务，无论工业地区还是农业地区，都要将节水放在第一位。

（3）结合图 4-7~图 4-20（2001—2015 年 14 个地州市工业生态效率走势图），可以将 14 个地州市分为以下几种类型：

一是持续稳定上升型：即便是中间有个别年份有少量下降，但总体还是呈不断上升趋势。这类地州市只有乌鲁木齐市。这类地区发展比较有规划、平稳，几乎每年都在提升工业生态效率，是经济发展和资源开发、环保节能发展比较均衡的地区。

二是波动式上升型：发展不稳定，不停上下波动，但最后表现为阶段性上升趋势。这类地州市有哈密市、昌吉州、阿勒泰地区、阿克苏地区、克州。

三是波动式下降型：发展极不稳定，不停上下波动，但最后表现为下降趋势。这类地州市有克拉玛依市、吐鲁番市、伊犁州直、塔城地区、博州、巴州、喀什地区、和田地区。

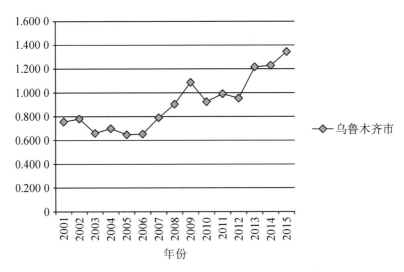

图 4-7　2001—2015 年乌鲁木齐市工业生态效率走势图

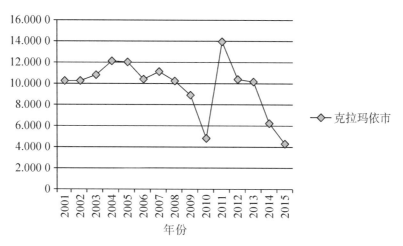

图 4-8　2001—2015 年克拉玛依市工业生态效率走势图

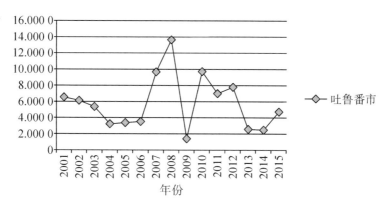

图 4-9　2001—2015 年吐鲁番市工业生态效率走势图

图 4-10　2001—2015 年哈密市工业生态效率走势图

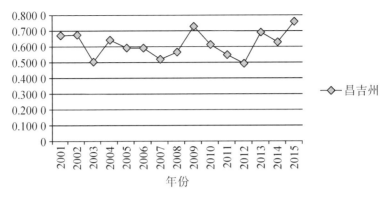

图 4-11　2001—2015 年昌吉州工业生态效率走势图

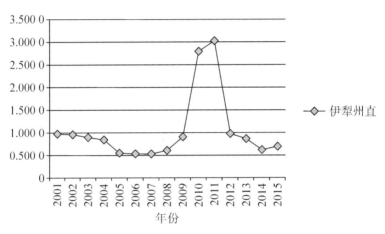

图 4-12　2001—2015 年伊犁州直工业生态效率走势图

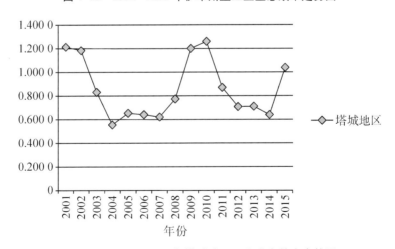

图 4-13　2001—2015 年塔城地区工业生态效率走势图

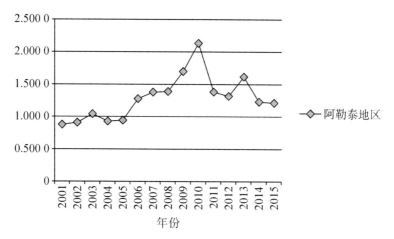

图 4-14　2001—2015 年阿勒泰地区工业生态效率走势图

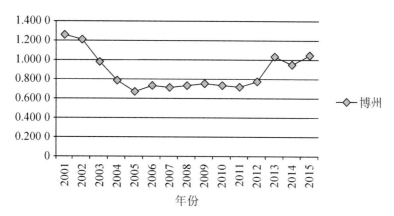

图 4-15　2001—2015 年博州工业生态效率走势图

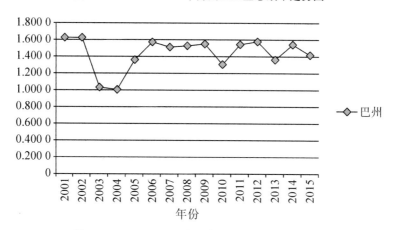

图 4-16　2001—2015 年巴州工业生态效率走势图

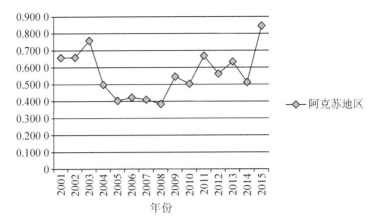

图 4-17　2001—2015 年阿克苏地区工业生态效率走势图

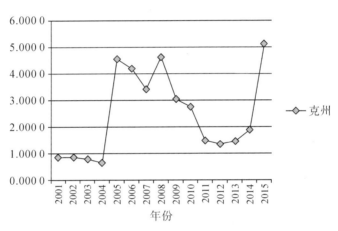

图 4-18　2001—2015 年克州工业生态效率走势图

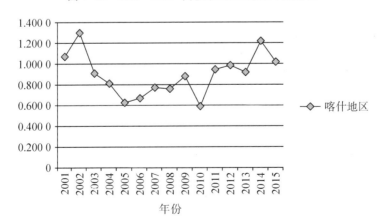

图 4-19　2001—2015 年喀什地区工业生态效率走势图

典型干旱资源开发型区域生态效率评估及提升策略分析——以新疆为例

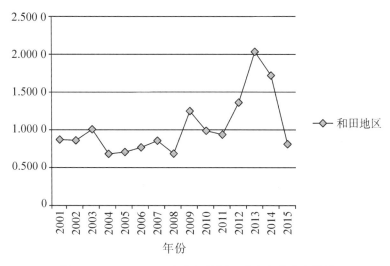

图 4-20　2001—2015 年和田地区工业生态效率走势图

4.4　动态生态效率分析（Malmquist 指数分析）

为了更好地分析新疆生态效率的变化趋势，本章运用 DEAP 2.0 软件，采用 Malmquist 指数模型对新疆 14 个地州市 2001—2015 年的工业面板数据进行测度，分析工业生态效率变动趋势。Malmquist 指数包括综合技术效率指数（EC）、技术进步指数（TC）、纯技术效率指数（PE）、规模效率指数（SE）和全要素生产率指数（TFP）。

4.4.1　时间变化趋势分析

2001—2015 年新疆 14 个地州市的工业生态效率 Malmquist 指数均值及排序见表 4-6。

表 4-6　2001—2015 年新疆工业生态效率年均 Malmquist 指数及分解

		EC	TC	PE	SE	TFP
年份	2001—2002	1.027	0.923	1.027	1.000	0.948
	2002—2003	0.451	2.680	0.451	1.000	1.208
	2003—2004	1.279	0.695	1.279	1.000	0.889
	2004—2005	1.041	1.012	1.041	1.000	1.066

表4-6(续)

		EC	TC	PE	SE	TFP
年份	2005—2006	0.850	1.253	0.850	1.000	1.114
	2006—2007	1.367	0.765	1.367	1.000	1.04
	2007—2008	0.881	1.100	0.881	1.000	0.957
	2008—2009	0.828	1.156	0.828	1.000	0.957
	2009—2010	1.650	0.607	1.650	1.000	1.001
	2010—2011	0.698	1.069	0.698	1.000	0.746
	2011—2012	0.817	0.910	0.817	1.000	0.743
	2012—2013	1.001	0.842	1.001	1.000	0.843
	2013—2014	0.984	0.995	0.984	1.000	0.98
	2014—2015	2.576	0.594	2.576	1.000	1.529
	年平均	1.016	0.967	1.016	1.000	0.982
时段	"十五"	0.95	1.328	0.95	1.000	1.027
	"十一五"	1.115	0.976	1.115	1.000	1.014
	"十二五"	1.215	0.882	1.215	1.000	0.968

由表 4-6 可知：

（1）2001—2015 年全要素生产率（TFP）偏低，均值为 0.982，年均下降幅度为 1.8%，其中 TFP 在 1 以上的有 6 个年度，占 42.8%，其余年度都在 1 以下，说明新疆工业生态效率发展起伏较大，不稳定，主要受技术进步和综合技术效率变动的影响很大，需要改进和完善的地方还很多。

（2）从各指数分解变化情况分析，技术进步指数均值为 0.967，其中有 6 个年度大于 1，呈增长趋势，但整体呈下降趋势，年均下降幅度为 3.3%，与 TFP 指数变动基本同步，是工业生态效率的主要影响和制约因素；综合技术效率指数和纯技术效率指数 7 个年度大于 1，7 个年度小于 1，总体呈增长趋势，平均增长幅度为 1.6%，对工业生态效率提升的贡献最大，是促进工业生态效率提升的最主要因素。

（3）从"十五""十一五""十二五"三期变化分析，全要素生产率持续下降，从 1.027 到 1.014 再到 0.968，下降幅度为 5.9%；规模效率保持 1.000 不变，综合技术效率和纯技术效率指数不断提升，从"十五"到"十二五"提升 26.5%，但抵不过技术进步指数持续降低，从"十五"到"十二五"降低 44.6%。综合分析，技术进步指数是全要素生产率变化趋势的主要制约因素，综合技术效率指数是促进因素。这说明新疆工业技术水平相对落后，今后尤其要高度重视对工业新技术的研发、引进。

4.4.2 空间动态分析

2001—2015 年新疆 14 个地州市工业生态效率 Malmquist 指数见表 4-7。

表 4-7　新疆 14 个地州市工业生态效率年均 Malmquist 指数及分解

		EC	TC	PE	SE	TFP
地区	乌鲁木齐市	1.063	0.971	1.063	1.000	1.033
	克拉玛依市	1.135	0.992	1.135	1.000	1.126
	吐鲁番市	1.042	0.970	1.042	1.000	1.011
	哈密市	0.985	0.989	0.985	1.000	0.974
	昌吉州	1.053	0.911	1.053	1.000	0.959
	伊犁州直	0.976	0.909	0.976	1.000	0.887
	塔城地区	0.979	0.938	0.979	1.000	0.918
	阿勒泰地区	1.002	1.004	1.002	1.000	1.005
	博州	1.000	0.956	1.000	1.000	0.956
	巴州	0.983	1.014	0.983	1.000	0.996
	阿克苏地区	0.984	0.962	0.984	1.000	0.947
	克州	1.000	1.005	1.000	1.000	1.005
	喀什地区	1.019	0.897	1.019	1.000	0.914
	和田地区	1.013	1.030	1.013	1.000	1.043
	地区平均	1.016	0.967	1.016	1.000	0.982

由表 4-7 可知：

（1）2001—2015 年各地州市全要素工业生态效率增长率均值为 0.982，总体增速较慢，有 6 个地州市增幅大于 1，其他 8 个地州市 TFP 小于 1，规模报酬呈递减态势。尽管克拉玛依市增加幅度为 12.6%，但掩盖不了各地州市整体下降的趋势，各地州市平均下降幅度为 1.8%，说明地州市间发展不平衡。建议以工业为主的地州市向克拉玛依市和乌鲁木齐市借鉴经验，多在清洁生产和节能减排增效上下功夫；而以农业为主的地州市要向和田地区、克州、阿勒泰地区吸取经验，进一步加大科技研发和推广力度，在节能增效上进一步强化和提高。

（2）从各分解指数变化情况分析，规模效率保持 1.000 不变，综合技术效率和纯技术效率指数平均在提升，提升幅度均为 1.6%，但抵不过技术进步指数平均 3.3% 的下降幅度，尤其是喀什地区技术进步指数下降幅度高达 10.3%，因此技术进步指数是全要素生产率下降的主要制约因素，综合技术效率和纯技术效率指数是促进因素。这说明新疆工业生产的科技研发和推广力度有待加大。

（3）总体来看，全要素生产率呈下降趋势，其中综合技术效率起促进作用，技术进步起制约作用，规模效率影响不大。从乌鲁木齐市、克拉玛依市、吐鲁番市、昌吉州等大部分地州市来看，对 TFP 起促进作用的主要因素为综合技术效率，而技术进步起制约作用。对阿勒泰地区及和田地区，技术进步和综合技术效率均起促进作用，对巴州，技术进步起促进作用，技术效率起制约作用。

4.5　投入产出冗余分析

本节将 2001—2015 年新疆各地区各投入变量松弛量除以对应的投入指标值得到投入冗余率。计算结果如表 4-8 所示。

表 4-8　新疆各地州市工业生态效率投入产出指标冗余率　　单位：%

		工业能源消费总量	工业用电总量	工业用水总量	工业废气排放量	工业二氧化硫排放量	工业氮氧化物排放量	工业废水排放量	工业废水中化学需氧量排放量	一般工业固废产生量
地区	乌鲁木齐市	-1.08	-56.26	-1.08	-39.28	-51.53	-66.98	-40.66	-1.08	-1.08
	哈密市	-37.45	-52.76	-37.45	-49.94	-78.94	-70.83	-60.94	-37.45	-68.76
	昌吉州	-32.01	-69.02	-32.01	-50.78	-48.85	-60.16	-43.54	-32.01	-32.01
	伊犁州直	-18.04	-39.53	-68.02	-44.79	-36.85	-18.04	-18.04	-19.60	-18.04
	塔城地区	-19.45	-47.37	-19.45	-25.57	-30.55	-50.52	-22.10	-19.45	-19.45
	博州	-14.68	-46.62	-71.52	-62.53	-63.91	-36.58	-37.65	-58.60	-14.68
	阿克苏地区	-40.86	-40.86	-69.17	-64.46	-50.47	-59.27	-40.86	-60.08	-40.86
	喀什地区	-3.51	-3.51	-53.27	-40.48	-62.51	-57.04	-48.91	-3.51	-3.51
	地区平均	-20.89	-44.49	-44.00	-47.23	-52.95	-52.43	-39.09	-28.97	-24.80

注：表中列出生态效率无效的 8 个地州市，生态效率有效地区克拉玛依、吐鲁番、阿勒泰、巴州、克州、和田，因资源配置平衡，未列在表中。

4.5.1 不同地区投入指标冗余分析

图 4-21~图 4-29 分别显示了新疆全区及各地州市投入要素冗余率。

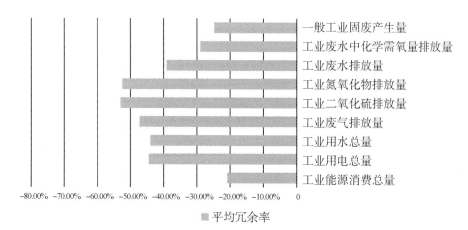

图 4-21 各投入产出指标平均冗余率比较

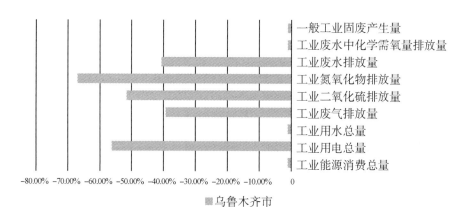

图 4-22 乌鲁木齐市投入要素冗余率比较

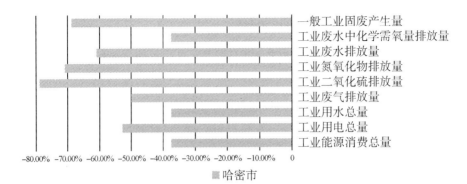

图 4-23　哈密市投入要素冗余率比较

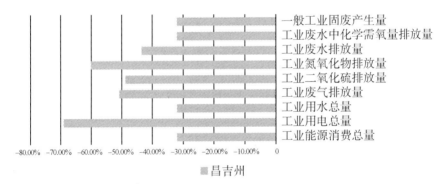

图 4-24　昌吉州投入要素冗余率比较

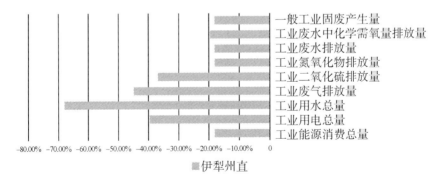

图 4-25　伊犁州直投入要素冗余率比较

典型干旱资源开发型区域生态效率评估及提升策略分析——以新疆为例

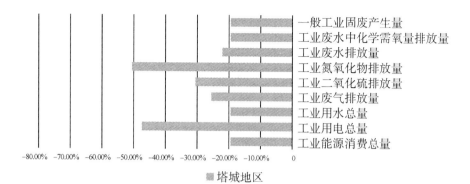

图 4-26 塔城地区投入要素冗余率比较

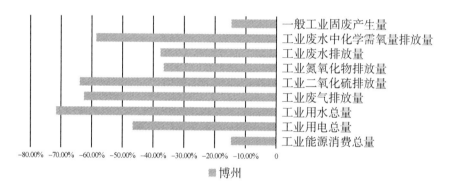

图 4-27 博州投入要素冗余率比较

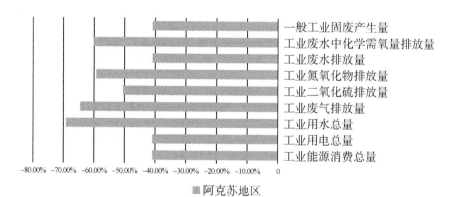

图 4-28 阿克苏地区投入要素冗余率比较

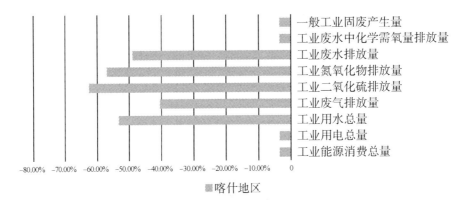

图 4-29 喀什地区投入要素冗余率比较

由表 4-8、图 4-21~图 4-29 可以得出如下结论：

（1）各地区产出指标工业生产总值的冗余率都为零，投入要素都存在冗余。这说明工业产出不足并不是工业生态效率损失的原因，资源消耗过多和环境污染物排放过量是工业生态效率低下的主要原因。

（2）从冗余率均值来看（见图 4-21），造成生态效率损失的主要影响因素依次为：工业二氧化硫排放量、工业氮氧化物排放量、工业废气排放量、工业用电总量、工业用水总量。可以看出，全区地州市的大气污染物排放存在严重过量问题，这是北方资源型城市尤其是矿产资源开发型城市工业生产存在的典型问题，今后新疆工业发展还要继续在脱硫、脱硝上下功夫。此外，工业用电、用水过量也是造成生态效率损失的重要因素。总之，今后需要改变目前这种高耗能、高污染的现状，向低耗能、低污染工业模式转变。

（3）从各地州市来看，不同地州市生态损失的主要影响因素有所不同。由图 4-22~图 4-29 可见，阿克苏地区、喀什地区、博州、伊犁州直这些地区处于河流上中游，用水比较浪费，工业用水过量问题比较突出；哈密市和昌吉州几乎涵盖了工业能源、用电过量、工业废气、废水、固废排放过量各方面问题；乌鲁木齐市、塔城地区工业用电和氮氧化物排放是主要问题。我们要针对不同地区存在的问题因地制宜开展治理。

4.5.2 改善途径分析

4.5.2.1 资源消耗投入指标分析

（1）工业能源消耗总量。由图 4-30 可见，工业能源消耗总量冗余率较高，超过平均值的地区有阿克苏地区、哈密市、昌吉州，这几个地区是新疆工业较为发达的地区，但与乌鲁木齐市、克拉玛依市相比，还是靠高能耗创造GDP，是比较粗放、浪费资源的发展方式，今后需从产业结构调整、淘汰落后产能、更新工艺、引进高新技术产业、提高清洁生产等级等方面进行改善和提高。

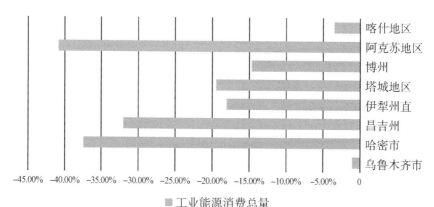

图 4-30　各地州市工业能源消费总量冗余率比较

（2）工业用电总量。这是能耗的一部分，在新疆这个资源型大区，工业用电量过高也是个比较普遍的问题。由图 4-31 可见，除了喀什地区、伊犁州直这两个偏农业和牧业的地区工业用电总量不高，其余 6 个地区均存在工业电耗过高问题。虽然新疆是煤炭资源大省，煤炭资源储量占全国 40%，建立了煤电东运网络，"十二五"末新疆电网装机规模已超过 5 000 万千瓦，但控制工业用电、减少能源消耗、避免浪费仍然是今后努力改善的方向。

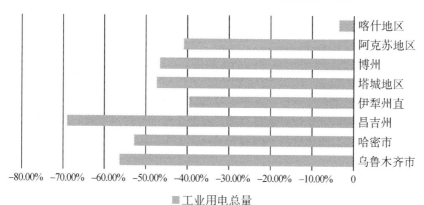

图 4-31　各地州市工业用电总量冗余率比较

（3）工业用水总量。由图4-32可见，工业用水投入冗余率较高，超过平均值的地区有博州、阿克苏地区、伊犁州直、喀什地区。这几个地区有个共同的特点，那就是处于河流的上中游地区，水资源相对比较丰富，无论是工业用水还是农业用水都比较粗放。水是全疆乃至全国共同的资源，决不能因为富余就能恣意浪费，今后改善的方向是发展节水工业，提高水的循环利用水平，降低单位水耗。

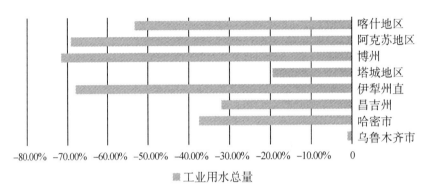

图4-32　各地州市工业用水量冗余率比较

4.5.2.2　环境污染投入指标分析

（1）工业废气排放指标。由图4-33、图4-34、图4-35可见，工业废气、二氧化硫和氮氧化物排放量冗余率较高，超过平均值的地区有6个：乌鲁木齐市、哈密市、昌吉州、博州、阿克苏地区、喀什地区，而伊犁州直和塔城地区排放量冗余率较低。大气污染问题已经成为全国一个共性问题，已经被国家列入环境污染攻坚战计划之一——"蓝天保卫战"。目前全国大气环境质量都不容乐观，尤其是北方城市问题更加严重，新疆约70%的地州市大气环境质量都未达标，所以控制大气污染物排放量任务艰巨、刻不容缓。新疆是资源开发型大区，工业类型主要以煤矿、金属、石灰石矿山开采及矿产加工业为主，排放的工业废气量较大。如何对现有资源开发型企业进行提质增效、减少废气污染物的排放量是今后需要解决的问题。

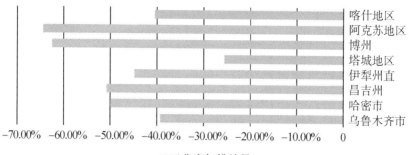

工业废气排放量

图 4-33　各地州市工业废气排放量冗余率比较

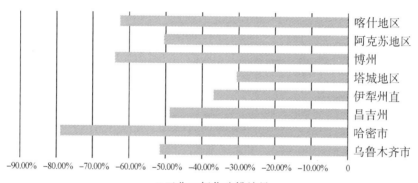

工业二氧化硫排放量

图 4-34　各地州市工业二氧化硫排放量冗余率比较

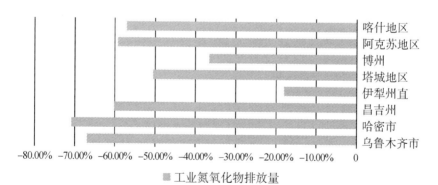

工业氮氧化物排放量

图 4-35　各地州市工业氮氧化物排放量冗余率比较

（2）废水排放指标。由图 4-36、图 4-37 可见，哈密市、昌吉州、阿克苏地区、博州工业废水排放量和 COD 排放量冗余率较高。这与当地产业类型及配套污水处理设施不完善、污水综合利用率低有关，这是这些地区今后需进一步调整和改善的方向。

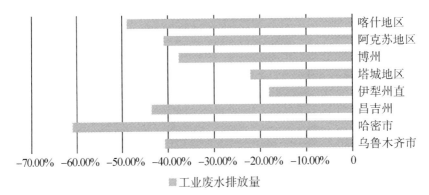

■工业废水排放量

图 4-36　各地州市工业废水排放量冗余率比较

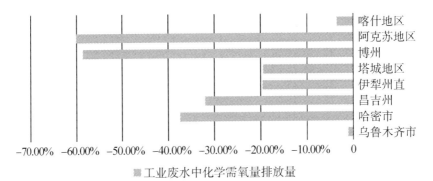

■工业废水中化学需氧量排放量

图 4-37　各地州市工业废水中化学需氧量排放量冗余率比较

（3）工业固废指标。由图 4-38 可见，哈密市、阿克苏地区、昌吉州工业固废产生量冗余率超过平均标准，污染比较突出。大量的工业固废主要产生于矿产开采加工类企业。要减少工业固废产生量，需在提高开采率、回采率，提高综合利用率上进一步改进和完善。

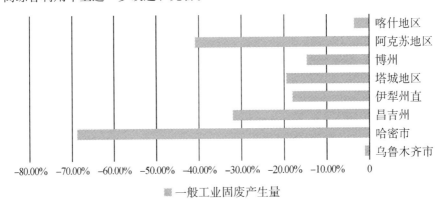

■一般工业固废产生量

图 4-38　各地州市一般工业固废产生量冗余率比较

4.6　影响因素分析

4.6.1　研究现状

影响工业生态效率水平的因素有很多，现有对工业生态效率影响因素的研究中，主要采用的因素分别有经济发展水平、产业结构、人力资本因素、外资利用、科技实力以及环境政策等，详见表4-9。

表4-9　区域工业生态效率影响因素研究概况

作者	研究对象	影响因素	研究办法
胡嵩[116]	2003—2011年 中国工业整体 及38个工业行业 生态效率	行业平均规模 环境规制强度 能源消费结构 所有制结构 资本劳动比 研发支出强度	Tobit 回归模型
卢燕群[117]	2005—2014年 中国30个省域的 工业生态效率	工业规模 规制强度 研发投入 对外开放程度 财政分权 工业集聚 工业结构	空间杜宾模型
郭露[61]	2003—2013年 中部六省 工业生态效率	研发强度 利用外资 工业结构 环境治理	Tobit 回归模型
潘兴侠[38]	2005—2010年 中国中部和东部 各省工业生态效率	工业结构 工业开放度 研发投入强度 环境治理投资强度	面板数据 空间模型

表4-9(续)

作者	研究对象	影响因素	研究办法
付丽娜[59]	长株潭 "3 + 5" 城市群	工业结构 城镇化率 利用外资 研发强度	Tobit 回归模型

4.6.2 指标选取及数据说明

本研究参考已有工业生态效率相关研究中对影响因素的选择，并结合工业实际生产过程和数据的可获取性，最终选择6项指标作为工业生态效率的影响因素进行分析：

（1）工业发展水平（PGDP）；用人均工业GDP衡量。

（2）对外开放（FIr）：用外商投资比例衡量。

（3）环境规划（EIr）：用环保治理投资占工业生产总值的比例衡量。

（4）科技创新（RDr）：用大中型企业研发投资占工业生产总值的比例衡量。

（5）工业结构（HIr）：用重工业比例衡量。

（6）产业集聚（IGr）：用工业GDP占全国的比重衡量。

数据主要来自《新疆维吾尔自治区统计年鉴》《新疆环境统计年报》《新疆维吾尔自治区国民经济与社会发展统计公报》，直接统计或计算得出。

4.6.3 模型建立

以上述6项指标为自变量，以静态工业生态效率值为因变量，运用Stata软件进行Tobit分析，建立如下回归方程：

$$ER = \alpha + \beta_1(PGDP) + \ln\beta_2(FIr) + \beta_3(EIr) + \ln\beta_4(RDr) + \ln\beta_5(HIr) + \beta_6(IGr) + \mu\alpha + \beta_1\ln(APS)$$

式中ER表示工业生态效率，α为常数项，β为待估参数，μ为随机误差，回归结果见表4-10。

表4-10 工业生态效率影响因素的Tobit回归分析一览表

解释变量	系数	标准差	Z统计量	显著性水平
常数项	-3.408 6	0.182 6	-18.670	***
人均GDP（PGDP）	0.005 6	0.002 6	2.110	*

表4-10（续）

解释变量	系数	标准差	Z统计量	显著性水平
ln 外商投资比例（FIr）	−0.229 3	0.045 3	−5.058	***
环保治理投资比例（EIr）	0.932 4	1.635 6	0.570	
ln 研发支出比例（RDr）	0.225 7	0.089 5	2.522	*
ln 重工业比重（HIr）	2.137 8	0.333 1	6.419	***
工业 GDP 占全国的比重（IGr）	−0.631 3	0.440 8	−1.432	

注：***、**、* 分别表示 0.001、0.01、0.05 显著性水平。

4.6.4　结果分析

由表 4-10 可知，人均 GDP、研发支出比例、重工业比重、环保治理投资比例与工业生态效率呈正相关关系，其中前三者呈显著正相关关系，说明工业发展水平、科技创新、重工业比重对工业生态效率有明显促进作用，而环保治理投资比例也起到促进作用，但不明显。需要指出的是重工业比重对工业生态效率的促进作用明显，显然是经济效应大于污染物排放效应的结果，这与克拉玛依工业城的发展模式是一致的，说明只要处理好了经济发展和环境保护的关系，一样可以协调发展。而外商投资比例、工业 GDP 占全国的比重与工业生态效率呈负相关关系，其中外商投资比例与工业生态效率呈显著负相关关系，说明若引进落后外资企业或对环境影响不利的外资，对外开放对环境的影响是消极的，不利于工业生态效率的提高，这与贾军的研究结果一致[191]。

要想提高工业生态效率，今后要做到：第一，进一步提高工业发展水平，主要从提高工人经济收入、增加工业产值方面落实；第二，引进新技术，进一步提高工业技术研发水平和推广力度；第三，加强环境规划和环境保护管理，积极引导企业加强工业污染防治，提高清洁生产水平等级，将节能降耗减排落到实处；第四，需谨慎引进外商投资，做好前期环境规划论证，对不利于环境保护的不合理诉求和附加条件要坚决抵制。

4.7　本章小结

（1）与全国各省份相比，新疆工业生态效率水平低下。新疆工业生态效率为 0.73，在全国排名第 28 位，约为第 1 名海南的 16.44%，约为平均值的 56.59%，与西北其他省区相比，位于甘肃、宁夏之前，也位于同是资源开发大省的山西之前，但在全国仍处于落后位置，说明新疆总体工业生态效率仍然较低。

（2）空间分布存在不平衡性。14个地州市综合技术效率值最高的为8.97，最低的为0.59，最高约为最低的15.20倍，平均值为1.86；北疆、东疆、南疆连续15年的工业生态效率平均值分别为2.04、2.85、1.21，东疆>北疆>南疆，存在明显差异，说明地区间工业经济发展存在不平衡性。14个地州市中克拉玛依市、吐鲁番市、克州、巴州、阿勒泰地区、和田地区6个地州市工业生态效率达到有效生产前沿面，占42.8%，可见工业生态效率无效地区还是占大部分，大部分地区工业生态效率水平偏低。

（3）从时间序列变化趋势分析，2001—2015年，新疆工业生态效率整体呈波动式上升趋势；生态效率从"十五"期间的0.75到"十一五"期间的1.00，再到"十二五"期间的1.08，一直处于稳步上升状态，尤其从2010年"十一五"末开始，生态效率一直都稳定在1以上，保持在有效生产前沿面。

（4）通过超效率DEA模型和CCR模型比较分析可知，利用超效率DEA模型计算和测定生态效率值更加精确，在大于1达到有效生产前沿面后，仍可以继续精确计量，有利于地区间排名和差距的定量化分析。

（5）通过Malmquist指数分解分析，发现技术进步指数是制约全要素生产率变化趋势的主导因素，综合技术效率和纯技术效率指数是促进因素。这说明新疆工业技术应用水平一直保持增长状态，而工业技术的引进和研发力度不够，有待加强。

（6）从投入产出冗余分析，造成生态效率损失的主要影响因素依次为工业二氧化硫排放量、工业氮氧化物排放量、工业废气排放量、工业用电总量、工业用水总量。可以看出，全区各地的大气污染物排放存在严重过量问题。

（7）从影响因素分析，工业发展水平、科技创新、工业结构、环境规划与工业生态效率呈正相关关系，对工业生态效率起促进作用；而对外开放、产业集聚度与工业生态效率呈负相关关系，对工业生态效率起抑制作用。因此，要提高工业生态效率，需进一步提高工业发展水平；提高工业企业技术研发水平和推广力度；加强环境规划和环境保护管理；谨慎引进外商投资。

（8）新疆是极度干旱缺水地区，节约水资源、加强水资源综合利用是关键，也是第一要务，无论工业地区还是农业地区，都要将节水放在第一位。

5　新疆综合生态效率实证研究

新疆地处中国西北边陲，石油、天然气、矿产资源丰富，是一个以农牧业和资源开发型产业为主的省区，经济发展水平与沿海发达省区相比仍然比较落后，2015 年生产总值为 9 324.8 亿元，位列全国第 26 位，但区位优势明显，是欧亚大陆腹地的"十"字大通道，与 8 个国家毗邻，已经成为"丝绸之路经济带"的核心区域以及我国向西开放的重要门户，国家"一带一路"倡议的提出更为新疆提供了良好的发展机遇。党的十八大明确提出大力推进生态文明建设，十九大提出"绿水青山就是金山银山"的发展理念，中国开启了生态文明建设新时代，资源节约、绿色发展是今后中国的经济发展理念。所以，新疆今后的发展将秉承高效、节能、绿色、环保的经济发展理念，而生态效率的内涵和目标就是：资源消耗最小化、环境影响最小化、经济价值最大化。因此，关于新疆生态效率的研究对新疆生态文明建设和可持续发展具有重要意义。

但对新疆生态效率方面的研究资料较少，且不全面、不系统。张凤丽[182]、贾卫平[183]对新疆生产建设兵团农业生态效率进行了测算与分析，贾卫平[110]对新疆氯碱化工产业生态效率进行了探讨，高志刚、尤济红[192]以新疆为例采用传统 DEA 法对 2005 年、2010 年两个断面生态效率进行了测度分析，而对新疆较为系统、全面的生态效率研究仍然比较缺乏。

本章主要采用超效率 DEA–Malmquist–Tobit 模型法，以 2001—2015 连续 15 年新疆 14 个地州市面板数据为样本，对生态效率时空分布、变化特征、影响因素进行连续的、较为全面的测度分析，探究生态效率年度变化趋势、空间分布规律，分析原因、探寻改进途径，以期为促进新疆资源开发、生态环境保护可持续发展提供借鉴。

5.1 指标体系构建和数据来源

5.1.1 评价指标体系构建

生态效率的基本思想是在最大化价值的同时，最小化资源消耗和环境污染，意味着以最少的资源投入和最小的环境代价获得最大的经济价值，因此包含资源要素、环境要素、经济要素三方面指标。根据 DEA 模型对投入产出指标的要求，通常在实际运用中，将经济要素作为产出指标、资源要素和环境要素作为投入指标，实际运用时针对不同的评价对象、评价区域、行业类型，选择的指标也有差异。

5.1.1.1 关于生态效率评价指标体系的研究

针对国家及区域层面的生态效率评价指标，比较典型的是 Höh 等[30]在研究德国环境经济核算账户测算生态效率时，以国内生产总值为分子，以自然资源（能源、土地资源、水资源、原材料等）、自然环境（温室气体排放量、酸性气体排放量）和共同经济要素（资本、劳动力）为分母，设计了 3 大类 8 小类指标。Dahlström 等[31]设计了包括资源强度、资源生产率以及资源效率的 11 项指标。我国学者邱寿丰和诸大建[16]构建了适合度量我国循环经济发展的生态效率指标，具体指标包括土地使用、能源消耗、水消耗、原材料消耗、二氧化硫排放量、废水排放量、国内生产排放、劳动总量等。陈傲[140]选择生产能源总消耗、生产电力能源消耗、废气排放量、固体废弃排放量、废水排放量及地区 GDP 共 6 个指标对中国 29 个省级地区 2000—2006 年生态效率进行了测度分析。李栋雁和董炳南[193]以山东省 2002—2006 年 17 地市为研究对象，选取了资源、环境和经济发展总量共 3 类 11 个指标，对 17 个地市生态效率进行了测度分析。白世秀[194]从经济类、资源类、环境影响类 3 方面选择了能源消耗、劳动力、废水、废气、固废、地区 GDP 共 6 项指标对黑龙江生态效率进行了评估。黄和平[23]选择能源消耗、水资源消耗、建设用地、COD 排放量、二氧化硫排放量、工业固废、地区 GDP 共 7 项指标对江西省生态效率进行了测度分析。潘兴侠和何宜庆[38]从资源类、环境影响类、经济类三方面选择了能源消耗、水资源消耗、农用地面积、废水排放量、二氧化硫排放量、烟尘排放量、工业固废、地区 GDP 共 8 项指标对我国 30 个省域的生态效率水平进行了评价。何宜庆等[195]从资源消耗、环境污染、经济产出选择单位 GDP 能耗、单位 GDP 水耗、单位 GDP 城建用地、单位 GDP 烟尘排放、单位 GDP 废水排放、单位 GDP 二氧化硫排放、单位 GDP 固废排放、人均工业增加值测算了中国 2005—2013 年中国 31 个省份的生态效率。徐杰芳[144]选取了水资源消耗、电力消耗、能源消耗、土地资源消耗、人力消耗、废水排放、废气排放、固废排放、地区 GDP 共 9 项指标构建评价指标体系进行测度分析。如表 5-1 所示。

表 5-1　区域生态效率评价指标体系研究概况

作者	研究对象	资源类指标	环境类指标	经济类指标
Hartmut Höh[30], Karl Schoer and Steffen Seibel	德国	土地、能源、水、原材料、劳动力、资本	温室气体、酸性气体	GDP
邱寿丰和诸大建[16]	中国	土地、能源、水、原材料、劳动力	废气排放、废水排放、固废排放	GDP
陈傲[140]	中国29 个省份	生产能源总消耗、生产电力能源消耗	废气排放、废水排放、固废排放	GDP
李栋雁和董炳南[193]	山东省	能源消耗、水资源消耗、土地消耗、劳动力	废气排放、废水排放、固废排放	GDP
白世秀[194]	黑龙江省	能源、劳动力	废气排放、废水排放、固废排放	GDP
黄和平[23]	江西省	能源、用水、建设用地	COD 排放、二氧化硫排放、工业固废排放	GDP
潘兴侠[38]	中国30 个省份	能源消耗、水资源消耗、农用地面积	废水排放量、二氧化硫排放量、烟尘排放量、工业固废排放	GDP
何宜庆等[195]	中国31 个省份	单位 GDP 能耗、单位 GDP 水耗、单位 GDP 城建用地	单位GDP烟尘排放、单位GDP废水排放、单位GDP二氧化硫排放、单位GDP固废排放	人均工业增加值测算
徐杰芳[144]	中国 27 个主要煤炭资源型城市	水资源消耗、电力消耗、能源消耗、土地资源消耗、人力消耗	废水排放、废气排放、固废排放	地区 GDP

综上所述，生态效率的选取主要侧重经济、资源、环境三大类要素，评价中投入指标一般选取资源类和环境类指标作分母，产出指标一般选取地区GDP作分子。目前关于区域生态效率的度量指标还没有统一的以及官方认可的分析方法，学者们的运用方法比较多元化，生态足迹法、能值与物质流分析法、因子分析法、层次分析法、数据包络分析法都大量用于实证分析中，其中数据包络分析法用得比较广泛，集中使用的有普通数据包络法（DEA-CCR、DEA-BCC模型法）、超效率DEA模型法、SBM-DEA模型法，还有些学者探索了一些新方法如网络DEA法等，对指标设定分析时，分母的选择存在一定的分歧，环境变量究竟作为投入还是产出，目前学术界尚未得到一致结论[194,196-199]。

5.1.1.2　区域生态效率指标体系的设计

本章在设计新疆区域生态效率评价指标时，选取原则如下：

一是以生态文明思想为指导。生态文明思想体现尊重自然、顺应自然、保护自然的理念，体现人与自然和谐相处的思想观念，体现节能减排降耗的理念。

二是以文献为基本参考依据。根据文献中提到的所有指标，以及结果的可靠性分析、局限和不足，选取本研究对象需要的指标。

三是体现内容全面性、丰富性和多维性。由于生态效率的评价涉及资源、经济和环境多个维度、多类元素，是一个多投入和多产出的复合评价指标体系，为了使评价结果更加客观、准确、合理，本章从资源、经济和环境三个方面尽可能多地选择指标以使结果更加可靠、客观、均衡、合理，这就克服了单一指标法的缺陷和不足。

四是体现针对性、代表性和特殊性。针对区域层面研究对象，尽可能选取能代表区域生态效率的指标，同时考虑到新疆是干旱荒漠区、资源开发型区域这些特殊性，选择最具有代表性和针对性的指标。

五是数据的可得性。除了参考已有文献中要遵循上文所提到的原则和依据外，最重要的是，在选择指标体系时，还要考虑到新疆当时统计资料的完整性，有的指标全国有、新疆没有，有些指标这几年有、过去几年没有，有些指标这个地州市有、其他地州市没有，这些数据的不完整性和差异性都给数据的获取造成了很大的困难。

六是数据的可靠性和一致性。为保证数据可靠，尽可能选取年鉴和公报等公开出版的数据指标，尽可能选取直接性指标，而间接推算出来的指标其数据的可靠性和代表性是不够的。

因此，本研究在国内外已有成果的基础上，选择了资源类、环境类、经济类 3 大类指标，又根据以上指标选取原则，选取相应指标，详见表 5-2。

（1）资源类指标

资源是指一国或一定地区内拥有的物力、财力、人力等各种物质要素的总称。本章根据生态效率的内涵以及数据的全面性和可获得性等原则，选取能源消耗、电力消耗、水资源消耗、资本投入、人力投入五类资源消耗类指标作为资源投入指标。能源消耗用一定时期内全社会能源消费总量表征；电力消耗用一定时期内全社会电力消费总量表征；水资源消耗用一定时期内全社会水资源消费总量表征；资本投入用一定时期内全社会固定资产投资表征；人力投入用一定时期内城镇就业人口表征。土地资源这一指标未列入本章选择范围之内，一是因为新疆所辖 14 地州市土地使用面积不均衡、存在较大差异，会影响计算结果的可靠性，二是因为政府公布的现有数据不完整、获取受限。

（2）环境类指标

本章在国内外环境影响文献基础上，深入分析生态效率的内涵，选择废水、废气、固体废弃物排放量作为环境类指标。其中废水指标中包括了废水排放量、化学需氧量排放量、氨氮排放量；废气排放量包括了氮氧化物排放量和二氧化硫排放量；固体废弃物排放量包括一般工业固体废弃物产生量。这些指标基本上涵盖了终端废弃物的排放。

（3）经济类指标

参考国内外绝大多数学者对区域生态效率评价的研究文献，本章选取 GDP 作为模型的经济产出指标。同时为了消除年度价格差异而产生的误差，每年的 GDP 数值采用的是以 2000 年的不变价格计算平减后的 GDP。

表 5-2　区域生态效率评价指标体系一览表

宏观指标	类别	具体指标	内容
投入指标	资源消耗	能源消耗	能源消费总量
		电力消耗	用电消耗总量
		水资源消耗	用水总量
		资本投入	固定资产投资
		人力投入	就业人口
	环境污染	废气排放	二氧化硫、氮氧化物
		废水排放	废水排放量、氨氮、化学需氧量
		固废排放	一般工业固体废物
产出指标	经济价值	经济发展总量	生产总值

5.1.2　研究样本与数据选择

5.1.2.1　研究样本

新疆面积占我国国土面积的 1/6，是我国面积最大的省份。新疆地处中国西北边陲、亚欧大陆腹地，是我国距离海洋最远的省份，沙漠面积占全国沙漠面积的近 60%，是中国干旱区的主体，也是世界干旱中心之一，生态环境脆弱。同时新疆又是我国资源大区，煤炭、石油、天然气等矿产资源丰富，新疆的工业以资源开发型为主，主要依赖高投入、高消耗和高污染排放的传统开发模式，资源过度消耗、环境污染和生态失衡等问题日益加剧，成为进一步制约新疆可持续发展的瓶颈。

因此，本章选择新疆典型的内陆干旱荒漠区、资源开发型省区进行生态效率评估和研究，具有典型性和代表性。本章主要以新疆及所辖 14 地州市（不含新疆生产建设兵团）为研究对象，按地理分布将新疆分为 3 个区域——北疆地区：包括乌鲁木齐市、昌吉回族自治州（以下简称"昌吉州"）、克拉玛依市、伊犁哈萨克自治州直属县市（以下简称"伊犁州直"）、阿勒泰地区、塔城地区、博尔塔拉蒙古自治州（以下简称"博州"）；南疆地区：包括巴音郭楞蒙古自治州（以下简称"巴州"）、阿克苏地区、喀什地区、和田地区、克孜勒苏柯尔克孜自治州（以下简称"克州"）；东疆地区：包括哈密市和吐鲁番市。

5.1.2.2　数据来源

（1）2002—2016 年《新疆维吾尔自治区统计年鉴》、2001—2015 年《新疆环境统计年报》、2001—2015 年《新疆维吾尔自治区国民经济与社会发展统计公报》、2001—2015 年《新疆维吾尔自治区环境状况公报》；

（2）《中国环境统计年鉴》《中国统计年鉴》；

（3）2002—2016 年新疆各地州市统计年鉴、国民经济与社会发展统计公报、政府工作报告；

（4）统计部门网站、地州市政府网站。

5.2　评价方法

生态效率静态测度采用超效率 DEA 模型，动态测度分析采用 DEA-Malmquist 指数法，影响因素分析采用 Tobit 模型。具体方法原理和公式见第 2 章 2.4.2 节。

5.3 静态生态效率测度及分析

生态效率指标综合考量了环境、资源、经济三个方面，是一个综合性的指标。可以考虑将生态效率解构成环境效率和资源效率进行测度分析，通过三者的变化趋势对新疆生态效率进行综合分析。根据相关研究[200-201]可知：环境效率，主要用经济产出指标与环境排放指标的比值表示；资源效率，主要用经济产出指标与资源投入指标的比值表示[202-203]。

本章运用 DEA-SOLVER PRO 软件，采用投入导向的超效率 DEA 模型对新疆 2001—2015 年生态效率水平进行研究，计算得到 2001—2015 年生态效率、资源效率、环境效率，并对其变化趋势进行静态、动态分析。

5.3.1 省级层面测度及分析

由表 5-3 可见，新疆综合生态效率排名在全国居第 31 位，仅为 0.562 2，约为平均值的 60.19%，约为第 1 名北京的 23.11%，说明新疆综合生态效率还十分低下。从生态效率解构成资源效率和环境效率来看，资源效率居全国第 30 位，仍然十分地低下，但环境效率排名有所上升，为全国第 22 位，排名提升了 9 位。这说明新疆生态效率低下主要是由资源效率低下造成的，资源配置不合理、资源消耗量大、高耗能仍然是新疆经济发展的特征和现状；相比资源效率，环境效率虽然也比较低，但有较大提升，说明 2015 年 5 月《中共中央国务院关于加快推进生态文明建设的意见》的出台以及党的十八大"五位一体"总体布局的做出，对新疆环保事业的发展促进很大，环境污染物的排放量大幅下降，2015 年新疆废水排放量在全国排名倒数第 7，减排效果明显。

表 5-3　2015 年全国各省份生态效率、资源效率、环境效率（不含港澳台地区）

		生态效率	排名	资源效率	排名	环境效率	排名
省份	北京	2.432 7	1	1.594 5	1	2.410 1	1
	天津	1.561 5	2	1.549 3	2	1.168 7	2
	河北	0.857 0	16	0.857 0	15	0.539 7	21
	山西	0.629 3	29	0.629 3	29	0.494 3	26
	内蒙古	1.065 6	5	1.065 6	4	0.904 6	4

表5-3（续）

		生态效率	排名	资源效率	排名	环境效率	排名
	辽宁	0.927 4	12	0.927 4	12	0.620 0	11
	吉林	0.995 1	9	0.983 2	9	0.623 2	9
	黑龙江	0.815 8	20	0.815 8	19	0.570 9	17
	上海	1.312 7	3	1.312 7	3	0.886 8	5
	江苏	0.944 6	11	0.944 6	11	0.688 9	6
	浙江	0.962 1	10	0.962 1	10	0.621 5	10
	安徽	0.759 4	24	0.759 4	23	0.453 5	29
	福建	1.017 1	8	0.999 5	8	0.631 4	8
	江西	0.731 9	26	0.731 9	25	0.437 8	31
	山东	0.916 9	13	0.916 6	13	0.638 7	7
	河南	0.817 0	19	0.817 0	18	0.480 0	27
	湖北	0.840 1	17	0.838 3	16	0.579 0	15
省份	湖南	1.023 3	7	1.023 3	7	0.568 8	19
	广东	1.026 7	6	1.026 7	6	0.517 1	24
	广西	0.760 4	23	0.760 4	21	0.467 0	28
	海南	0.884 0	15	0.696 9	27	0.599 9	14
	重庆	0.835 5	18	0.833 7	17	0.616 7	12
	四川	0.770 5	22	0.760 1	22	0.545 9	20
	贵州	0.779 2	21	0.775 9	20	0.523 6	23
	云南	0.733 4	25	0.733 4	24	0.444 2	30
	西藏	1.100 5	4	1.048 3	5	1.094 9	3
	陕西	0.906 7	14	0.906 7	14	0.602 8	13
	甘肃	0.569 4	30	0.505 5	31	0.569 4	18
	青海	0.729 5	27	0.726 4	26	0.574 4	16
	宁夏	0.687 7	28	0.666 4	28	0.511 3	25
	新疆	0.562 2	31	0.555 6	30	0.524 7	22
省份平均		0.934 0	—	0.894 3	—	0.674 5	—

从表 5-4 和图 5-1、图 5-2 可知：

（1）2001—2015 年，新疆全区生态效率呈持续波动状态，2001—2005 年先降后升，2006—2008 年上升但 2009 年急剧下降，2010 年又回升至最高点，2011—2014 年持续下降，2015 年回升，最终呈约 5.7% 的小幅度提升。从三个五年计划变化情况分析，生态效率从"十五"期间的 0.988 1 到"十一五"期间的 1.063 8 再到"十二五"期间的 1.064 3，虽然有小幅度波动，但总体处于阶段性稳步上升状态，从 2006 年"十一五"开始一直到 2015 年"十二五"末，除了 2009 年有小幅回落外，生态效率一直都稳定在 1 以上，保持在有效生产前沿面。这说明新疆自 2001 年开始，通过一系列政策措施及三个五年计划的实施，生态效率出现阶段性改善和提高。

（2）将生态效率解构为资源效率和环境效率进行分析。一是资源效率2001—2015 年变化趋势与生态效率基本相同，呈持续波动状态，最终呈小幅下降趋势，从"十五"到"十二五"呈阶段性稳步小幅上升状态；二是环境效率随时间变化呈波动式上升趋势，上升幅度较大，从"十五"初 2001 年的0.477 7 到"十二五"末 2015 年的 1.125 9，增加约 2.36 倍，增幅约为135.7%，实现了从低环境效率到高环境效率的飞跃，说明从"十五"到"十二五"，通过连续 15 年的环境污染防治，新疆环境治理成效显著，环境效率得到大幅度提升，继续保持和加强是今后的主要任务。

表 5-4　2001—2015 年新疆生态效率、资源效率、环境效率

		生态效率	资源效率	环境效率
年 份	2001	1.065 2	1.065 2	0.477 7
	2002	0.980 9	0.971 6	0.482 8
	2003	0.955 6	0.948 7	0.504 8
	2004	0.958 1	0.957 8	0.487 0
	2005	0.980 9	0.980 9	0.549 7
	2006	1.024 6	1.024 6	0.636 8
	2007	1.008 9	1.002 6	0.724 6
	2008	1.120 5	1.109 0	0.836 6
	2009	0.950 7	0.909 0	0.850 8
	2010	1.214 5	1.020 0	1.163 7
	2011	1.082 8	1.069 8	0.738 3
	2012	1.049 1	1.049 1	0.810 9

表5-4(续)

		生态效率	资源效率	环境效率
年份	2013	1.007 5	0.988 9	0.886 6
	2014	1.056 4	1.056 4	0.984 7
	2015	1.125 9	1.013 6	1.125 9
	年平均	1.038 8	1.011 1	0.750 7
时段	"十五"	0.988 1	0.984 8	0.500 4
	"十一五"	1.063 8	1.013 0	0.842 5
	"十二五"	1.064 3	1.035 6	0.909 3

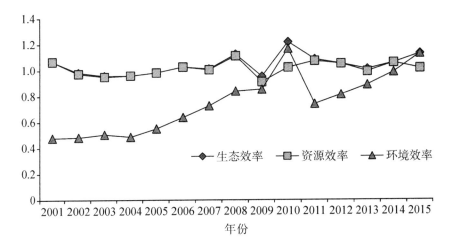

图 5-1　2001—2015 年新疆生态效率变动趋势

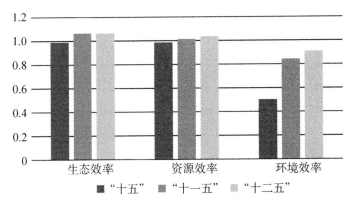

图 5-2　"十五"到"十二五"新疆生态效率变化图

5.3.2　区域层面测度及分析

从表5-5、表5-6和图5-3～图5-5可知：

（1）北疆、东疆、南疆的生态效率值分别约为1.61、1.17、0.81，北疆>东疆>南疆。北疆和东疆均达到有效生产前沿面，南疆较低。将生态效率解构为资源效率和环境效率进行分析，资源效率北疆大于南疆和东疆，环境效率北疆大于东疆，南疆最低。

（2）2001—2015年，北疆生态效率呈波动式上升趋势，从2001年的约1.37到2015年的约1.77，增长约28.9%。南疆从2001年的约1.03到2015年的约0.79、东疆从2001年的约1.35到2015年的约1.05，均呈波动式下降趋势。从"十五"到"十一五"再到"十二五"，北疆、东疆生态效率均达有效生产前沿面，南疆生态效率较低，未达有效生产前沿面。其中北疆生态效率从1.35到1.49再到2.00呈阶段上升趋势；而南疆从0.82到0.80再到0.81，基本保持不变；东疆从1.28到1.08再到1.14，呈略微下降趋势。

总体来说，北疆、东疆、南疆三个区域间发展不平衡，北疆>东疆>南疆，且北疆和东疆生态效率均大于1，处于有效生产前沿面，南疆较低，小于1，属于生态效率无效地区。这说明南疆无论从经济发展还是可持续发展方面，都处于比较落后的状态。因为新疆的贫困县80%都在南疆，南疆整体发展水平相对滞后。东疆生态效率虽然大于1，但从2001年至2015年，从"十五"到"十二五"，生态效率均呈下降趋势，主要是因为东疆的哈密市、鄯善县均为国家资源型城市，哈密市是煤炭开发区，鄯善县是石油开发区，且都处在成长期，开发力度较大，属于高耗能、高污染型开发。

表5-5　新疆2001—2015年14个地州市生态效率一览表

		2001	2002	2003	2004	2005	2006	2007	2008
地区	乌鲁木齐市	1.149 8	1.150 6	1.096 8	0.981 2	0.884 1	1.130 7	1.378 6	0.965 5
	克拉玛依市	3.470 4	3.358 1	2.940 1	4.124 0	4.831 7	5.251 1	4.175 9	5.595 8
	吐鲁番市	1.914 1	2.100 8	2.060 3	1.302 1	1.004 6	1.108 4	1.376 6	1.737 2
	哈密市	0.784 0	0.704 2	0.824 0	0.925 8	1.231 6	0.850 3	0.844 2	0.690 8
	昌吉州	1.103 9	1.044 2	0.908 8	0.889 5	0.933 5	0.934 6	0.985 5	0.910 0
	伊犁州直	0.758 8	0.667 4	0.586 8	0.677 4	0.655 5	0.665 8	0.892 3	0.744 4
	塔城地区	1.328 5	1.406 2	1.521 7	1.244 4	0.957 1	1.009 4	1.064 7	1.087 4
	阿勒泰地区	0.816 9	0.763 2	0.760 4	0.809 2	0.734 0	1.003 8	0.904 7	0.741 2

表5-5（续）

		2001	2002	2003	2004	2005	2006	2007	2008
地区	博州	0.980 0	0.977 5	0.722 0	0.863 0	1.122 2	1.306 7	1.168 6	1.017 3
	巴州	0.762 1	0.764 8	0.692 1	0.685 9	0.702 1	0.861 7	1.149 4	0.843 3
	阿克苏地区	1.086 8	1.022 0	1.049 8	0.898 6	0.791 0	0.786 6	0.846 3	0.871 4
	克州	1.188 4	0.692 3	0.694 4	0.748 7	0.637 1	0.780 1	0.772 2	0.600 0
	喀什地区	0.904 2	0.821 7	0.626 9	0.734 5	0.621 7	0.482 8	0.437 3	0.569 0
	和田地区	1.227 1	0.870 6	0.872 3	0.743 8	0.578 0	0.674 0	0.654 9	0.463 9
	地区平均	1.248 2	1.167 4	1.096 9	1.116 3	1.120 3	1.203 3	1.189 4	1.202 7
区域	东疆	1.349 0	1.402 5	1.442 1	1.113 9	1.118 0	0.979 4	1.110 4	0.800 4
	南疆	1.033 7	0.834 3	0.787 1	0.762 3	0.666 0	0.717 0	0.772 0	0.669 5
	北疆	1.372 6	1.338 2	1.219 5	1.369 8	1.445 4	1.614 6	1.510 0	1.580 2

		2009	2010	2011	2012	2013	2014	2015
地区	乌鲁木齐市	0.835 6	0.844 6	1.139 4	0.977 0	1.445 0	1.237 6	2.322 3
	克拉玛依市	4.487 6	4.547 3	9.208 8	9.243 2	8.312 4	8.192 4	4.836 1
	吐鲁番市	1.670 7	1.574 4	1.651 6	1.754 1	1.673 7	1.649 2	1.180 1
	哈密市	0.529 4	0.416 3	0.591 1	0.527 1	0.814 6	0.608 5	0.922 9
	昌吉州	0.858 0	0.722 1	0.665 5	0.730 1	0.991 9	0.930 3	1.213 4
	伊犁州直	0.702 6	0.717 9	0.702 7	0.749 5	0.763 2	0.759 1	0.789 6
	塔城地区	1.075 2	1.126 3	0.788 3	1.052 5	1.199 0	1.082 7	1.045 5
	阿勒泰地区	0.652 2	0.643 3	0.640 2	0.869 1	0.825 6	0.826 8	0.801 9
	博州	0.958 7	0.948 9	0.994 2	1.042 5	1.204 4	1.112 0	1.379 0
	巴州	1.681 8	1.140 5	1.076 9	1.013 6	0.904 7	0.898 7	0.907 6
	阿克苏地区	0.824 2	0.870 4	0.899 1	0.943 0	0.898 5	0.840 5	0.887 7
	克州	0.497 1	0.526 3	0.581 3	0.669 7	0.689 8	0.564 0	0.635 3
	喀什地区	0.881 6	0.858 7	0.609 8	0.699 4	0.811 2	0.784 0	0.840 2
	和田地区	0.949 4	0.937 2	1.199 1	0.642 5	0.998 3	0.617 0	0.688 4
	地区平均	1.186 0	1.133 9	1.482 0	1.493 8	1.538 0	1.435 9	1.317 9
区域	东疆	1.100 0	0.995 3	1.121 4	1.140 6	1.244 1	1.128 8	1.051 5
	南疆	0.966 8	0.866 6	0.873 2	0.793 6	0.860 5	0.740 8	0.791 9
	北疆	1.367 1	1.364 3	2.019 9	2.094 9	2.105 9	2.020 1	1.769 7

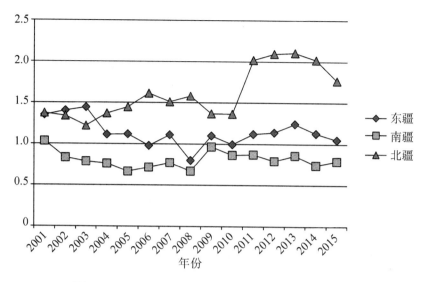

图 5-3 2001—2015 年新疆不同区域生态效率变动趋势

表 5-6 2001—2015 年新疆不同区域生态效率及解构分析

区域	生态效率		资源效率		环境效率	
	效率值	排名	效率值	排名	效率值	排名
东疆	1. 167 4	2	0. 499 7	3	1. 029 4	2
南疆	0. 809 0	3	0. 573 2	2	0. 667 6	3
北疆	1. 612 8	1	0. 901 5	1	1. 153 8	1

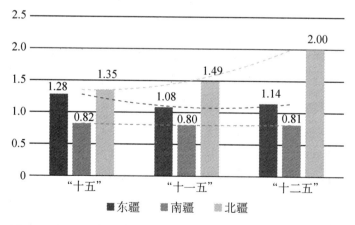

图 5-4 "十五" 到 "十二五" 新疆不同区域生态效率变化趋势图

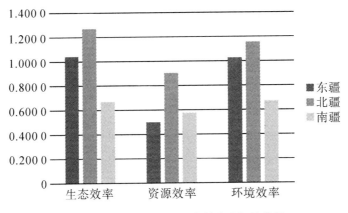

图 5-5　新疆不同区域生态效率及解构分析

5.3.3　地州市层面测度及分析

（1）由表 5-7、图 5-6 可知，地州市间生态效率存在不平衡性。14 个地州市生态效率均值约为 1.02，最高约为 4.19，最低约为 0.48，前者约为后者的 8.71 倍，且 14 个地州市中只有克拉玛依市和吐鲁番市两地生态效率值大于 1，达到有效生产前沿面，整体生态效率值偏低。参考相关文献[59,204]，将 DMU 的综合技术效率值强度分为 3 类：一类是生态效率≥1，为生产前沿面有效地区。这类地区从高到低依次为克拉玛依市、吐鲁番市，占 14.3%。二类是生态效率在 0.9 和 1 之间，为边缘非效率地区，这类地区有乌鲁木齐市、巴州，占 14.3%。三类是生态效率小于 0.9，为明显非效率地区，这类地州市数量最多，有 10 个，占了 71.4%，这类地区有塔城地区、博州、昌吉州、阿克苏地区等，哈密市最低，为 0.480 7。

表 5-7　2001—2015 年新疆各地州市生态效率值及解构分析

		生态效率	资源效率	环境效率
地区	乌鲁木齐市	0.962 8	0.962 8	0.632 6
	克拉玛依市	4.188 8	2.340 1	3.880 2
	吐鲁番市	1.592 7	0.614 7	1.592 7
	哈密市	0.480 7	0.380 6	0.466 2
	昌吉州	0.735 1	0.531 6	0.705 4
	伊犁州直	0.548 2	0.548 2	0.422 5

表5-7(续)

		生态效率	资源效率	环境效率
地区	塔城地区	0.884 1	0.803 9	0.884 1
	阿勒泰地区	0.689 3	0.502 3	0.689 3
	博州	0.862 7	0.621 5	0.862 7
	巴州	0.908 5	0.752 1	0.908 5
	阿克苏地区	0.760 0	0.730 5	0.760 0
	克州	0.516 4	0.439 3	0.516 4
	喀什地区	0.596 5	0.480 1	0.596 5
	和田地区	0.556 8	0.464 1	0.556 8
地区平均		1.020 2	0.726 6	0.962 4

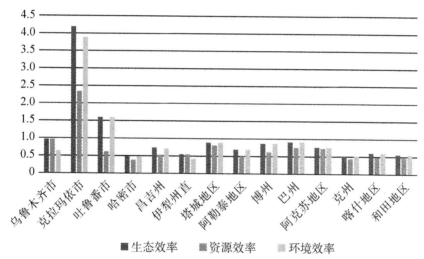

图5-6　新疆14个地州市生态效率、资源效率、环境效率比较

（2）由表5-8可知，将生态效率解构成资源效率和环境效率，设大于平均值为高效率，低于平均值为低效率，可将各地区发展模式分为四种[205]：第一种，低能耗、低排放模式：有克拉玛依市，资源效率和环境效率均最高，在节能和减排方面工作都很有成效。第二种，高能耗、低排放模式：有吐鲁番市，资源效率低但环境效率高，在减排方面成效显著，节能方面还需加强。第三种，低耗能、高排放模式：有乌鲁木齐市、塔城地区、巴州、阿克苏地区，这类地区资源效率高但环境效率低，在节能方面成效显著，但减排方面还需加

强。第四种，高耗能、高排放模式：属这种模式的地区最多，有哈密市、昌吉州、伊犁州直、阿勒泰地区、博州、克州、喀什地区、和田地区，占57%，这类地区资源效率低、环境效率也低，走的是高污染、高耗能模式，今后在节能和减排方面都需进一步完善和提高。

表 5-8　新疆各地州市发展模式和特征

分组	特征	模式	地区
一组	资源效率高 环境效率高	低耗能、低排放模式	克拉玛依市
二组	资源效率低 环境效率高	高耗能、低排放模式	吐鲁番市
三组	资源效率高 环境效率低	低耗能、高排放模式	乌鲁木齐市、塔城地区、巴州、阿克苏地区
四组	资源效率低 环境效率低	高耗能、高排放模式	哈密市、昌吉州、伊犁州直、阿勒泰地区、博州、克州、喀什地区、和田地区

综合分析，新疆各地区间生态效率不平衡，主要是因为新疆属于落后省区，下辖大部分地州市经济发展还处于原始积累时期，GDP 的拉动主要依赖高投入、高污染发展模式，只有少数城市生态效率较高，基本实现了良性可持续发展。比如：克拉玛依市是典型的石油工业城，经过 60 多年的发展已处于工业成熟发展阶段，走的是低投入、低排放的可持续发展路线；吐鲁番市是极度干旱缺水的城市，由于节水、水循环利用措施实施成效显著，污水排放量仅为 0.38 吨/万元工业生产总值，全疆最低，因此生态效率保持在有效生产前沿面；生态效率值接近 1.00 的乌鲁木齐市和巴州经济主要以工业为主，2015 年生产总值分列全疆第一和第三，能耗较低，但污染物排放量较高，影响了生态效率值。其他大部分地区采用的都是高耗能、高污染模式，所以新疆今后需进一步加强科技研发和环保投入，在节能和减排方面做大量的工作，才能缩小地区间差距，实现总体可持续发展。

（3）结合图 5-7~图 5-20 2001—2015 年各地州市生态效率走势图，可以将 14 地州市分为以下几种类型。

一是持续上升型：即便是中间有个别年份有少量下降，总体还是呈不断上升趋势。这类地州市有克拉玛依市、乌鲁木齐市、博州。这类地区发展比较有规划、平稳，几乎每年都在提升生态效率，是经济发展、资源开发和环保节能发展比较均衡的地区。

二是先降后升型：表现在"十五"期间下降，从"十一五"开始上升。这类地州市有吐鲁番市、昌吉州、哈密市。这类地区属于厚积薄发型，调整比较滞后，先发展后治理，之后走上节能环保的可持续发展道路。

三是持续下降型：即便是中间个别年份有少量提升，总体还是呈不断下降趋势。这类地州市有塔城地区、阿克苏地区、克州。这是典型片面追求经济发展、忽视资源节约利用和污染物减排的地州市。

四是不断波动型：表现在下降年份多、上升年份少，无规律，出现多个升降起伏。这类地州市有巴州、伊犁州直、阿勒泰地区、喀什地区、和田地区。

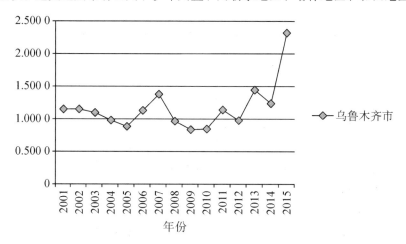

图 5-7　2001—2015 年乌鲁木齐市综合生态效率走势图

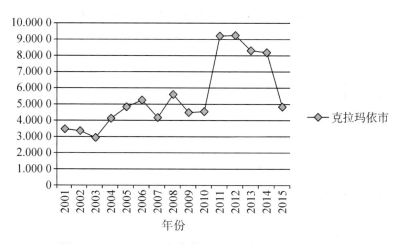

图 5-8　2001—2015 年克拉玛依市综合生态效率走势图

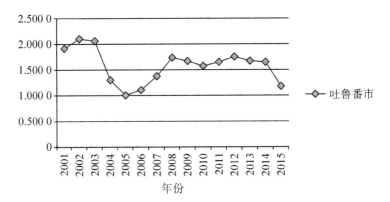

图 5-9　2001—2015 年吐鲁番市综合生态效率走势图

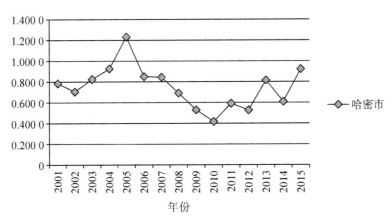

图 5-10　2001—2015 年哈密市综合生态效率走势图

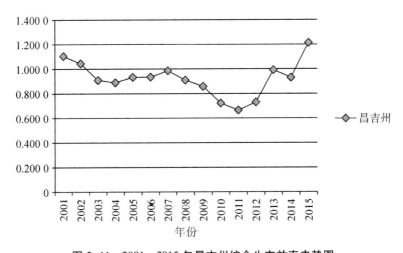

图 5-11　2001—2015 年昌吉州综合生态效率走势图

典型干旱资源开发型区域生态效率评估及提升策略分析——以新疆为例

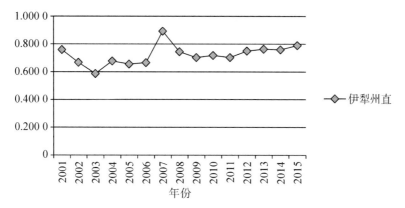

图 5-12　2001—2015 年伊犁州直直综合生态效率走势图

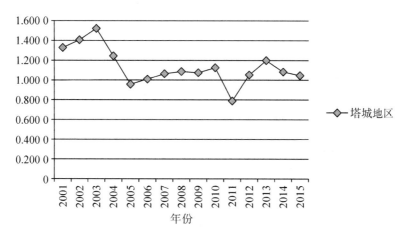

图 5-13　2001—2015 年塔城地区综合生态效率走势图

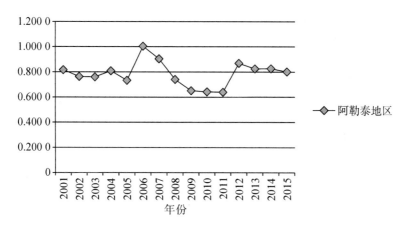

图 5-14　2001—2015 年阿勒泰地区综合生态效率走势图

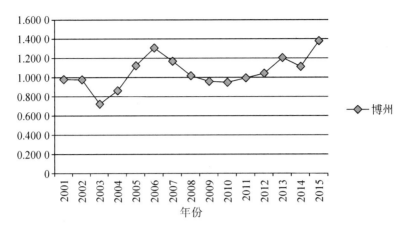

图 5-15　2001—2015 年博州综合生态效率走势图

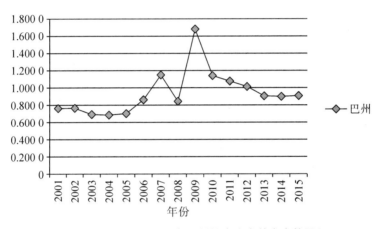

图 5-16　2001—2015 年巴州综合生态效率走势图

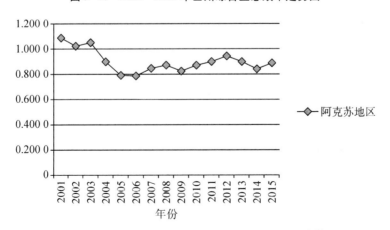

图 5-17　2001—2015 年阿克苏地区综合生态效率走势图

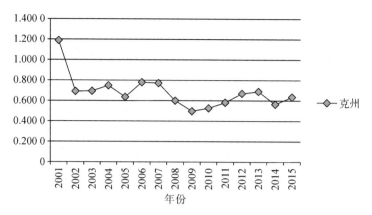

图 5-18　2001—2015 年克州综合生态效率走势图

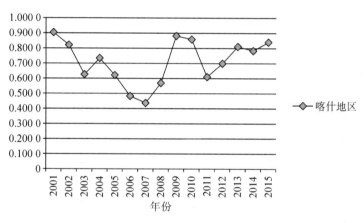

图 5-19　2001—2015 年喀什地区综合生态效率走势图

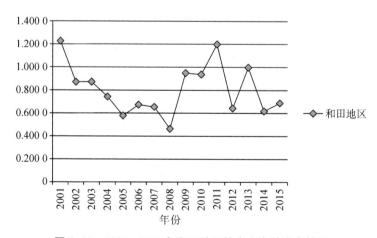

图 5-20　2001—2015 年和田地区综合生态效率走势图

5.4 动态生态效率分析（Malmquist 指数分析）

为了更好地分析新疆生态效率的变化趋势，本节运用 DEAP 2.0 软件，采用 Malmquist 指数模型对新疆 14 个地州市 2001—2015 年的面板数据进行测度，分析生态效率变动趋势。Malmquist 指数包括综合技术效率指数（EC）、技术进步指数（TC）、纯技术效率指数（PE）、规模效率指数（SE）和全要素生产率指数（TFP）。

5.4.1 时间变化趋势分析

由表 5-9 可知：

（1）2001—2015 年新疆全要素生产率变化均值为 0.939，呈下降趋势，年均下降幅度为 6.0%，只有 2014—2015 年 TFP>1，为 1.021，呈上升趋势，上升幅度为 2.1%，其他各年均呈下降趋势，其中 2010—2011 年下降幅度最大，达 21.3%，2003—2004 年下降幅度为 14.5%，这也是导致新疆全区 TFP 呈下降趋势的主要因素。

（2）从 TFP 分解各指数变化情况分析，技术进步指数均值为 0.925，平均也呈下降趋势，年均下降幅度为 7.5%，各年度均呈下降趋势；而综合技术效率均值为 1.015，平均呈增长趋势，增长幅度为年均 1.5%，除了少数几年呈略微下降趋势，其余各年均呈增长趋势，增长幅度为 0.3%~10.9%。将综合技术效率分解为纯技术效率（PE）和规模效率（SE）分析，前者增长 1.5%，后者稳定保持在 1.0 不变。可见只有技术进步指数呈下降趋势，与 TFP 指数保持同步变化，是 TFP 的主要影响和制约因素，而技术效率指数起到促进作用。

（3）从"十五""十一五""十二五"三期变化情况分析，全要素生产率先升后降，从 0.927 到 0.958 再到 0.934，呈略微增长趋势；综合技术效率和纯技术效率大于 1，总体呈增长态势，规模效率保持 1.0 不变，技术进步指数先降后升，呈略微上升趋势。

表 5-9　2001—2015 年新疆生态效率 Malmquist 指数

		EC	TC	PE	SE	TFP
年份	2001—2002	0.980	0.946	0.980	1.000	0.928
	2002—2003	1.013	0.952	1.013	1.000	0.965

表5-9（续）

		EC	TC	PE	SE	TFP
年份	2003—2004	0.997	0.858	0.997	1.000	0.855
	2004—2005	1.004	0.955	1.004	1.000	0.959
	2005—2006	1.036	0.928	1.036	1.000	0.961
	2006—2007	1.063	0.928	1.063	1.000	0.986
	2007—2008	1.005	0.962	1.005	1.000	0.967
	2008—2009	1.007	0.950	1.007	1.000	0.956
	2009—2010	1.109	0.829	1.109	1.000	0.920
	2010—2011	0.944	0.833	0.944	1.000	0.787
	2011—2012	0.988	0.927	0.988	1.000	0.916
	2012—2013	1.034	0.934	1.034	1.000	0.966
	2013—2014	1.005	0.974	1.005	1.000	0.979
	2014—2015	1.034	0.987	1.034	1.000	1.021
	年平均	1.015	0.925	1.015	1.000	0.939
时段	"十五"	0.999	0.928	0.999	1.000	0.927
	"十一五"	1.044	0.919	1.044	1.000	0.958
	"十二五"	1.001	0.931	1.001	1.000	0.934

5.4.2 空间分布分析

为进一步分析新疆 Malmquist 指数变化的构成和原因，对新疆 14 个地州市 Malmquist 指数进行分解分析，见表 5-10~表 5-24。

表 5-10 2001—2015 年新疆 14 个地州市生态效率 Malmquist 指数

		EC	TC	PE	SE	TFP
地区	乌鲁木齐市	0.993	0.952	0.993	1.000	0.946
	克拉玛依市	1.000	0.945	1.000	1.000	0.945
	吐鲁番市	1.035	0.927	1.035	1.000	0.959
	哈密市	1.016	0.944	1.016	1.000	0.959
	昌吉州	1.043	0.947	1.043	1.000	0.988
	伊犁州直	1.024	0.928	1.024	1.000	0.95
	塔城地区	1.012	0.942	1.012	1.000	0.954

表5-10(续)

		EC	TC	PE	SE	TFP
地区	阿勒泰地区	1.013	0.935	1.013	1.000	0.947
	博州	1.014	0.953	1.014	1.000	0.966
	巴州	1.007	0.960	1.007	1.000	0.967
	阿克苏地区	1.036	0.885	1.036	1.000	0.917
	克州	1.000	0.820	1.000	1.000	0.82
	喀什地区	1.012	0.914	1.012	1.000	0.925
	和田地区	1.008	0.902	1.008	1.000	0.909
	地区平均	1.015	0.925	1.015	1.000	0.940

由表 5-10 可知:

(1) 2001—2015 年各地州市全要素生态率(TFP)均值为 0.940,平均呈下降趋势,平均下降幅度为 6.0%,各地州市 TFP 均小于 1,呈下降趋势,其中克州下降幅度最大,为 18%,对全区 TFP 指数下降贡献最大。

(2)从 TFP 分解各指数变化情况分析,技术进步指数(TC)均值为 0.925,平均也呈下降趋势,年均下降幅度为 7.5%,各地州市 TC 指数均小于 1,呈下降趋势,尤其克州下降幅度最大,为 18%;而综合技术效率(EC)均值为 1.015,增长幅度为年均 1.5% ,除了乌鲁木齐市 EC 呈略微下降(下降幅度 0.7%),其余各地州市均呈增长趋势。进一步将综合技术效率分解为纯技术效率(PE)和规模效率(SE),前者增长 1.5%,后者稳定保持在 1.0 不变。可见只有技术进步指数呈下降趋势,与 TFP 指数保持同步变化,是 TFP 的主要影响和制约因素,而技术效率指数起到促进作用。

表 5-11 2001—2002 年新疆 14 个地州市生态效率 Malmquist 指数

		EC	TC	PE	SE	TFP
地区	乌鲁木齐市	0.91	0.983	0.91	1	0.894
	克拉玛依市	1	0.972	1	1	0.972
	吐鲁番市	1.091	0.889	1.091	1	0.97
	哈密市	0.994	1.012	0.994	1.000	1.006
	昌吉州	1.014	1.012	1.014	1.000	1.025
	伊犁州直	0.989	1.012	0.989	1.000	1.001
	塔城地区	0.981	0.916	0.981	1.000	0.899

表5-11(续)

		EC	TC	PE	SE	TFP
地区	阿勒泰地区	0.936	1.012	0.936	1.000	0.947
	博州	0.970	0.926	0.970	1.000	0.898
	巴州	0.998	1.012	0.998	1.000	1.009
	阿克苏地区	0.876	1.012	0.876	1.000	0.887
	克州	1.000	0.716	1.000	1.000	0.716
	喀什地区	0.978	0.915	0.978	1.000	0.895
	和田地区	1.005	0.915	1.005	1.000	0.919
	地区平均	0.98	0.946	0.980	1.000	0.928

由表5-11可见：

（1）2001—2002年全区14个地州市全要素生态率（TFP）均值为0.928，平均呈下降趋势，平均下降幅度为7.2%，技术效率和技术进步指数均小于1，呈下降趋势，可见TFP下降是由技术水平和技术应用效率共同退步所致。绝大多数地州市TFP小于1，呈退步现象，尤其是克州下降最大，下降幅度达28.4%，其原因主要是技术水平下降；有4个地州市——哈密市、昌吉州、伊犁州直、巴州TFP呈上升趋势，上升幅度不大，在0.1%和2.5%之间，主要由技术水平提高所致，昌吉州上升幅度最大是技术水平和技术效率提高共同作用的结果。

（2）从TFP分解各指数变化情况分析，技术进步指数（TC）均值为0.946，平均呈下降趋势，年均下降幅度为5.4%。地州市中有6个呈上升趋势，上升幅度在0.1%和1.2%之间；8个呈下降趋势，其中克州下降幅度最大，达28.4%。技术效率指数（EC）均值为0.98，平均呈下降趋势，下降幅度为2%。地州市中有5个呈上升趋势，上升幅度在0.5%和9.1%之间；9个呈下降趋势，下降幅度在1.9%和12.4%之间。

表5-12　2002—2003年新疆14个地州市生态效率Malmquist指数

		EC	TC	PE	SE	TFP
地区	乌鲁木齐市	0.867	1.032	0.867	1.000	0.895
	克拉玛依市	1.000	1.053	1.000	1.000	1.053
	吐鲁番市	1.480	0.952	1.480	1.000	1.410
	哈密市	1.006	0.988	1.006	1.000	0.993

表5-12（续）

		EC	TC	PE	SE	TFP
地区	昌吉州	1.043	0.985	1.043	1.000	1.027
	伊犁州直	1.012	0.966	1.012	1.000	0.977
	塔城地区	0.971	0.921	0.971	1.000	0.894
	阿勒泰地区	0.975	0.988	0.975	1.000	0.963
	博州	0.939	0.966	0.939	1.000	0.907
	巴州	0.994	0.988	0.994	1.000	0.982
	阿克苏地区	1.022	0.930	1.022	1.000	0.951
	克州	1.000	0.809	1.000	1.000	0.809
	喀什地区	0.876	0.840	0.876	1.000	0.736
	和田地区	1.115	0.945	1.115	1.000	1.053
	地区平均	1.013	0.952	1.013	1.000	0.965

由表 5-12 可见：

（1）2002—2003 年全区 14 个地州市全要素生态率（TFP）均值为 0.965，虽然平均呈下降趋势，但相比 2000—2001 年，下降幅度由 7.2% 减少为 3.5%，有一定进步和提升。绝大多数地州市 TFP 小于 1，呈退步现象，尤其是喀什地区和克州退步很大，下降幅度分别为 26.4% 和 19.1%，喀什地区下降的主要原因是技术水平和技术效率同时下降；而克州下降主要是技术水平下降导致。有 4 个地州市——克拉玛依市、吐鲁番市、昌吉州、和田地区的 TFP 大于 1，呈上升趋势，其中吐鲁番市的进步幅度高达 41%，究其原因，吐鲁番市技术效率进步幅度为 48%，是主要影响因素。

（2）从 TFP 分解各指数变化情况分析，技术进步指数（TC）均值为 0.952，平均呈下降趋势，年均下降幅度为 4.8%，地州市中有 2 个呈上升趋势，12 个呈下降趋势，其中克州下降幅度最大，达 19.1%。技术效率指数（EC）均值为 1.013，平均呈上升趋势，上升幅度为 1.3%；地州市中有 8 个呈上升趋势，其中吐鲁番市上升幅度达 48%，6 个呈下降趋势，下降幅度在 0.6% 和 13.3% 之间。

表5-13　2003—2004年新疆14个地州市生态效率Malmquist指数

		EC	TC	PE	SE	TFP
地区	乌鲁木齐市	1.058	0.865	1.058	1.000	0.914
	克拉玛依市	1.000	0.892	1.000	1.000	0.892
	吐鲁番市	0.825	0.896	0.825	1.000	0.739
	哈密市	0.997	0.972	0.997	1.000	0.969
	昌吉州	1.137	0.859	1.137	1.000	0.976
	伊犁州直	1.004	0.972	1.004	1.000	0.976
	塔城地区	1.030	0.781	1.030	1.000	0.805
	阿勒泰地区	0.995	0.972	0.995	1.000	0.968
	博州	1.013	0.972	1.013	1.000	0.985
	巴州	0.980	0.972	0.980	1.000	0.952
	阿克苏地区	1.089	0.696	1.089	1.000	0.757
	克州	1.000	0.695	1.000	1.000	0.695
	喀什地区	1.131	0.662	1.131	1.000	0.748
	和田地区	0.769	0.907	0.769	1.000	0.697
地区平均		0.997	0.858	0.997	1.000	0.855

由表5-13可见：

（1）2003—2004年全区14个地州市全要素生态率（TFP）均值为0.855，平均呈下降趋势，平均下降幅度为14.5%，技术效率和技术进步指数均小于1，呈下降趋势，可见TFP下降是由技术水平和技术应用效率共同下降所致。14个地州市TFP全小于1，呈下降现象，其中克州、和田地区、吐鲁番市、喀什地区、阿克苏地区下降幅度均很大，依次为30.5%、30.3%、26.1%、25.2%、24.3%，究其原因，和田地区和吐鲁番市是技术水平和技术效率同时下降导致，其余三者均是技术水平单独引起。

（2）从TFP分解各指数变化情况分析，技术进步指数（TC）均值为0.858，平均呈下降趋势，年均下降幅度为14.2%，14个地州市全部呈下降趋势，下降幅度最大的为喀什地区（33.8%），其次为克州（30.5%）、阿克苏地区（30.4%）、塔城地区（21.9%）。技术效率指数（EC）均值为0.997，平均呈轻度下降趋势，地州市中有5个呈下降趋势，下降幅度在0.3%和23.1%之间，其中和田地区下降幅度最大，为23.1%，其次是吐鲁番市，下降17.5%，是导致技术效率下降的主要原因；9个呈上升趋势，上升幅度在0.4%和13.7%之间。

表 5-14   2004—2005 年新疆 14 个地州市生态效率 Malmquist 指数

		EC	TC	PE	SE	TFP
地区	乌鲁木齐市	1.052	0.907	1.052	1.000	0.954
	克拉玛依市	1.000	0.961	1.000	1.000	0.961
	吐鲁番市	0.927	0.921	0.927	1.000	0.853
	哈密市	1.005	0.945	1.005	1.000	0.950
	昌吉州	1.010	0.990	1.010	1.000	1.000
	伊犁州直	0.998	0.945	0.998	1.000	0.944
	塔城地区	1.001	0.991	1.001	1.000	0.992
	阿勒泰地区	1.015	0.945	1.015	1.000	0.960
	博州	1.022	0.945	1.022	1.000	0.966
	巴州	1.015	0.945	1.015	1.000	0.960
	阿克苏地区	0.916	0.940	0.916	1.000	0.862
	克州	1.000	0.941	1.000	1.000	0.941
	喀什地区	0.867	1.080	0.867	1.000	0.936
	和田地区	1.278	0.921	1.278	1.000	1.177
地区平均		1.004	0.955	1.004	1.000	0.959

由表 5-14 可见：

（1）2004—2005 年全区 14 个地州市全要素生态率（TFP）均值为 0.959，平均呈下降趋势，平均下降幅度为 4.1%，较 2003—2004 年有较大提升，下降幅度由 14.5% 减少到 4.1%。技术效率大于 1，技术上升指数小于 1，可见 TFP 下降是由技术水平下降所致。14 个地州市除了和田地区和昌吉州，其余 12 个 TFP 全小于 1，呈下降趋势，下降幅度在 0.8% 和 14.7% 之间。

（2）从 TFP 分解各指数变化情况分析，技术进步指数（TC）均值为 0.955，平均呈下降趋势，年均下降幅度为 4.5%，除了喀什地区上升，其余 13 个地州市全部呈轻微下降趋势，退步幅度在 0.9% 和 9.3% 之间。技术效率指数（EC）均值为 1.004，平均呈轻度上升趋势，10 地州市呈进步趋势，进步幅度在 0.1% 和 27.8% 之间，其中和田地区进步幅度最大，为 27.8%；4 个地州市呈下降趋势，下降幅度在 0.2% 和 13.3% 之间。

表 5-15 2005—2006 年新疆 14 个地州市生态效率 Malmquist 指数

		EC	TC	PE	SE	TFP
地区	乌鲁木齐市	0.994	0.860	0.994	1.000	0.855
	克拉玛依市	1.000	0.899	1.000	1.000	0.899
	吐鲁番市	0.969	0.971	0.969	1.000	0.941
	哈密市	1.059	0.927	1.059	1.000	0.982
	昌吉州	1.063	0.923	1.063	1.000	0.981
	伊犁州直	1.045	0.927	1.045	1.000	0.969
	塔城地区	1.147	0.928	1.147	1.000	1.064
	阿勒泰地区	1.044	0.927	1.044	1.000	0.968
	博州	1.049	0.931	1.049	1.000	0.977
	巴州	1.038	0.927	1.038	1.000	0.962
	阿克苏地区	1.025	0.927	1.025	1.000	0.951
	克州	1.000	0.932	1.000	1.000	0.932
	喀什地区	1.024	0.951	1.024	1.000	0.974
	和田地区	1.053	0.971	1.053	1.000	1.023
	地区平均	1.036	0.928	1.036	1.000	0.961

由表 5-15 可见：

（1）2005—2006 年全区 14 个地州市全要素生态率（TFP）均值为 0.961，平均呈下降趋势，平均下降幅度为 3.9%，下降幅度较上一年度减少 0.2 个百分点，技术效率大于 1，技术进步指数小于 1，可见 TFP 下降是由技术水平退步所致。14 个地州市除了和田地区和塔城地区大于 1，其余 12 个 TFP 全小于 1，呈下降趋势，下降幅度在 1.8% 和 14.5% 之间。

（2）从 TFP 分解各指数变化情况分析，技术进步指数（TC）均值为 0.928，平均呈下降趋势，年均下降幅度为 7.2%，14 个地州市全部呈下降趋势，退步幅度在 2.9% 和 14% 之间。技术效率指数（EC）均值为 1.036，平均呈上升趋势，上升幅度为 3.6%，除了两个地州市外，其余 12 个地州市 EC 均大于 1，呈上升趋势，上升幅度在 2.4% 和 14.7% 之间。

表 5-16 2006—2007 年新疆 14 个地州市生态效率 Malmquist 指数

		EC	TC	PE	SE	TFP
地区	乌鲁木齐市	1.078	0.903	1.078	1.000	0.973
	克拉玛依市	1.000	0.965	1.000	1.000	0.965
	吐鲁番市	1.219	0.878	1.219	1.000	1.070
	哈密市	1.050	0.959	1.050	1.000	1.007
	昌吉州	1.012	0.974	1.012	1.000	0.986
	伊犁州直	1.020	0.959	1.020	1.000	0.978
	塔城地区	0.827	0.989	0.827	1.000	0.818
	阿勒泰地区	1.007	0.959	1.007	1.000	0.966
	博州	1.039	0.935	1.039	1.000	0.971
	巴州	1.041	0.959	1.041	1.000	0.998
	阿克苏地区	1.254	0.908	1.254	1.000	1.138
	克州	1.000	0.900	1.000	1.000	0.900
	喀什地区	1.428	0.835	1.428	1.000	1.193
	和田地区	1.025	0.878	1.025	1.000	0.900
	地区平均	1.063	0.928	1.063	1.000	0.986

由表 5-16 可见：

（1）2006—2007 年全区 14 个地州市全要素生态率（TFP）均值为 0.986，平均呈轻微下降趋势，平均下降幅度为 1.4%，下降幅度较上一年度减少 2.5 个百分点，技术效率大于 1，技术进步指数小于 1，可见 TFP 退步是由技术水平退步所致。14 个地州市中 4 个大于 1，上升幅度在 0.7% 和 19.3% 之间，其余 10 个 TFP 全小于 1，呈下降趋势，下降幅度在 0.2% 和 18.2% 之间。

（2）从 TFP 分解各指数变化情况分析，技术进步指数（TC）均值为 0.928，平均呈下降趋势，年均下降幅度为 7.2%，14 个地州市全部呈下降趋势，退步幅度在 1.1% 和 16.5% 之间。技术效率指数（EC）均值为 1.063，平均呈上升趋势，上升幅度为 6.3%，除了塔城地区外其余 13 个地州市 EC 均大于 1，呈上升趋势，上升幅度在 0.7% 和 42.8% 之间，其中喀什地区上升幅度最大，为 42.8%，其次为阿克苏地区，为 25.4%，再次为吐鲁番市，为 21.9%。

表 5-17　2007—2008 年新疆 14 个地州市生态效率 Malmquist 指数

		EC	TC	PE	SE	TFP
地区	乌鲁木齐市	0.868	1.059	0.868	1.000	0.919
	克拉玛依市	1.000	0.959	1.000	1.000	0.959
	吐鲁番市	1.108	1.017	1.108	1.000	1.127
	哈密市	1.044	0.926	1.044	1.000	0.967
	昌吉州	1.064	0.926	1.064	1.000	0.986
	伊犁州直	1.041	0.926	1.041	1.000	0.965
	塔城地区	1.011	0.976	1.011	1.000	0.986
	阿勒泰地区	1.014	0.926	1.014	1.000	0.939
	博州	1.063	0.980	1.063	1.000	1.041
	巴州	1.047	0.926	1.047	1.000	0.970
	阿克苏地区	1.040	0.969	1.040	1.000	1.008
	克州	1.000	0.846	1.000	1.000	0.846
	喀什地区	0.925	1.091	0.925	1.000	1.009
	和田地区	0.877	0.967	0.877	1.000	0.849
	地区平均	1.005	0.962	1.005	1.000	0.967

由表 5-17 可见：

（1）2007—2008 年全区 14 个地州市全要素生态率（TFP）均值为 0.967，平均呈轻微下降趋势，平均下降幅度为 3.3%，下降幅度较上一年度增加 1.9 个百分点，略有反弹。技术效率大于 1，技术进步指数小于 1，可见 TFP 下降是由技术水平退步所致。14 个地州市中 4 个大于 1，进步幅度在 0.8% 和 12.7% 之间，其余 10 个 TFP 全小于 1，呈下降趋势，下降幅度在 1.4% 和 15.4% 之间，下降幅度克州为 15.4%，和田地区为 15.1%，是拉低平均值的主要因素。

（2）从 TFP 分解各指数变化情况分析，技术进步指数（TC）均值为 0.962，平均呈下降趋势，年均下降幅度为 3.8%，除了 3 个地州市外其余 11 个地州市全部呈退步趋势，退步幅度在 2.0% 和 15.4% 之间。技术效率指数（EC）均值为 1.005，平均呈上升趋势，上升幅度为 0.5%，除了 3 个地州市外，其余 11 个地州市 EC 均大于 1，呈进步趋势，进步幅度在 1.1% 和 10.8% 之间。

表 5-18　2008—2009 年新疆 14 个地州市生态效率 Malmquist 指数

		EC	TC	PE	SE	TFP
地区	乌鲁木齐市	0.770	1.179	0.770	1.000	0.909
	克拉玛依市	1.000	0.953	1.000	1.000	0.953
	吐鲁番市	1.000	1.133	1.000	1.000	1.133
	哈密市	1.025	0.945	1.025	1.000	0.968
	昌吉州	1.030	0.945	1.030	1.000	0.972
	伊犁州直	1.032	0.903	1.032	1.000	0.932
	塔城地区	1.127	0.964	1.127	1.000	1.087
	阿勒泰地区	0.995	0.945	0.995	1.000	0.940
	博州	1.053	0.920	1.053	1.000	0.969
	巴州	1.018	0.945	1.018	1.000	0.962
	阿克苏地区	0.837	0.970	0.837	1.000	0.812
	克州	1.000	0.829	1.000	1.000	0.829
	喀什地区	1.143	0.805	1.143	1.000	0.920
	和田地区	1.141	0.924	1.141	1.000	1.055
	地区平均	1.007	0.950	1.007	1.000	0.956

由表 5-18 可见:

（1）2008—2009 年全区 14 个地州市全要素生态率（TFP）均值为 0.956,平均呈轻微下降趋势,平均下降幅度为 4.4%。技术效率大于 1,技术进步指数小于 1,可见 TFP 退步是由技术水平退步所致。14 个地州市中 3 个大于 1,进步幅度在 5.5% 和 13.3% 之间,其余 11 个 TFP 全小于 1,呈退步趋势,退步幅度在 2.8% 和 18.8% 之间,退步幅度阿克苏地区为 18.8%,克州为 17.1%,是拉低平均值的主要因素。

（2）从 TFP 分解各指数变化情况分析,技术进步指数（TC）均值为 0.950,平均呈下降趋势,年均下降幅度为 5.0%,除了乌鲁木齐市、吐鲁番市 2 个地州市外,其余 12 个地州市全部呈退步趋势,退步幅度在 3.0% 和 19.5% 之间。技术效率指数（EC）均值为 1.007,平均呈上升趋势,上升幅度为 0.7%,除了乌鲁木齐市、阿勒泰地区、阿克苏地区 3 个地州市外,其余 11 个地州市 EC 均大于 1,呈进步趋势,进步幅度在 1.8% 和 14.3% 之间。

表 5-19　2009—2010 年新疆 14 个地州市生态效率 Malmquist 指数

		EC	TC	PE	SE	TFP
地区	乌鲁木齐市	1.023	0.841	1.023	1.000	0.860
	克拉玛依市	1.000	0.729	1.000	1.000	0.729
	吐鲁番市	1.000	1.097	1.000	1.000	1.097
	哈密市	0.990	0.967	0.990	1.000	0.957
	昌吉州	0.999	0.967	0.999	1.000	0.966
	伊犁州直	1.222	0.766	1.222	1.000	0.936
	塔城地区	0.941	0.970	0.941	1.000	0.913
	阿勒泰地区	1.383	0.712	1.383	1.000	0.985
	博州	1.045	0.947	1.045	1.000	0.990
	巴州	0.992	0.967	0.992	1.000	0.959
	阿克苏地区	1.694	0.573	1.694	1.000	0.970
	克州	1.000	0.670	1.000	1.000	0.670
	喀什地区	1.165	0.842	1.165	1.000	0.981
	和田地区	1.294	0.739	1.294	1.000	0.956
	地区平均	1.109	0.829	1.109	1.000	0.920

由表 5-19 可见：

（1）2009—2010 年全区 14 个地州市全要素生态率（TFP）均值为 0.920，平均呈下降趋势，平均下降幅度为 8%。技术效率大于 1，技术进步指数小于 1，可见 TFP 退步是由技术水平退步所致。14 个地州市中除了 1 个大于 1，其余 13 个 TFP 全小于 1，呈退步趋势，退步幅度在 1% 和 33% 之间，退步幅度最大的为克州（33%），其次为克拉玛依市（27.1%），二者是拉低 TFP 平均值的主要因素。

（2）从 TFP 分解各指数变化情况分析，技术进步指数（TC）均值为 0.829，平均呈大幅下降趋势，年均下降幅度为 17.1%，较上一年度急剧下降。除了吐鲁番市外，其余 13 个地州市全部呈退步趋势，退步幅度在 3.0% 和 42.7% 之间，阿克苏地区退步幅度最大，为 42.7%，以下依次为克州的 33%、阿勒泰地区的 28.8%、克拉玛依市的 27.1%、和田地区的 26.1%、伊犁州直的 23.4%。技术效率指数（EC）均值为 1.109，平均呈上升趋势，上升幅度为 10.9%，除了 4 个地州市外，其余 10 个地州市 EC 均大于 1，呈进步趋势，进步幅度在 2.3% 和 69.4% 之间，其中进步幅度最大的为阿克苏地区（69.4%），以下依次为阿勒泰地区（38.3%）、和田地区（29.4%）、伊犁州直（22.2%）。

表 5-20　2010—2011 年新疆 14 个地州市生态效率 Malmquist 指数

		EC	TC	PE	SE	TFP
地区	乌鲁木齐市	1.374	0.714	1.374	1.000	0.980
	克拉玛依市	1.000	0.830	1.000	1.000	0.830
	吐鲁番市	1.000	0.603	1.000	1.000	0.603
	哈密市	1.005	0.770	1.005	1.000	0.774
	昌吉州	0.977	0.889	0.977	1.000	0.869
	伊犁州直	0.853	0.876	0.853	1.000	0.747
	塔城地区	1.287	0.943	1.287	1.000	1.213
	阿勒泰地区	0.720	0.947	0.720	1.000	0.682
	博州	0.970	1.045	0.970	1.000	1.014
	巴州	0.961	0.959	0.961	1.000	0.921
	阿克苏地区	0.747	0.807	0.747	1.000	0.602
	克州	1.000	0.755	1.000	1.000	0.755
	喀什地区	0.721	0.949	0.721	1.000	0.684
	和田地区	0.832	0.703	0.832	1.000	0.585
地区平均		0.944	0.833	0.944	1.000	0.787

由表 5-20 可见：

（1）2010—2011 年全区 14 个地州市全要素生态率（TFP）均值为 0.787，平均呈下降趋势，平均下降幅度为 21.3%，创 15 年最低降幅。技术效率和技术进步指数均小于 1，可见 TFP 退步是由技术效率和技术水平退步共同造成的。14 个地州市中除了塔城地区、博州大于 1，其余 12 个 TFP 全小于 1，呈退步趋势，退步幅度在 2.0% 和 41.5% 之间，退步幅度最大的为和田地区，其次为阿克苏地区、吐鲁番市、阿勒泰地区、喀什地区、伊犁州直、克州和哈密市，退步幅度分别为 41.5%、39.8%、39.7%、31.8%、31.6%、25.3%、24.5% 和 22.6%，这些是急剧拉低 TFP 平均值的主要因素。

（2）从 TFP 分解各指数变化情况分析，技术进步指数（TC）均值为 0.833，平均呈下降趋势，年均下降幅度为 16.7%，较上一年度稍有上升。除了博州外，其余 13 个地州市全部呈退步趋势，退步幅度在 4.1% 和 39.7% 之间，其中吐鲁番市退步幅度最大（39.7%），其次为和田地区（29.7%）、乌鲁木齐市（28.6%）、克州（24.5%）、哈密市（23%）。这些是拉低 TC 平均值的主要因素。技术效率指数（EC）均值为 0.944，平均呈下降趋势，下降幅度为 5.6%，6 个地州市 EC 大于 1，其中进步幅度最大的为乌鲁木齐市（37.4%），其次为塔城地区（28.7%）；8 个地州市 EC 小于 1，呈下降趋势，退步幅度在 2.3% 和 28% 之间，其中退步幅度最大的为阿勒泰地区（28%），其次为喀什地区（27.9%）、阿克苏地区（25.3%）。

表 5-21 2011—2012 年新疆 14 个地州市生态效率 Malmquist 指数

		EC	TC	PE	SE	TFP
地区	乌鲁木齐市	0.737	1.320	0.737	1.000	0.973
	克拉玛依市	1.000	1.042	1.000	1.000	1.042
	吐鲁番市	1.000	0.826	1.000	1.000	0.826
	哈密市	1.048	0.918	1.048	1.000	0.962
	昌吉州	1.067	0.917	1.067	1.000	0.979
	伊犁州直	1.059	0.914	1.059	1.000	0.967
	塔城地区	0.839	0.979	0.839	1.000	0.821
	阿勒泰地区	1.026	0.914	1.026	1.000	0.938
	博州	1.030	0.914	1.030	1.000	0.941
	巴州	1.039	0.919	1.039	1.000	0.955
	阿克苏地区	1.064	0.838	1.064	1.000	0.892
	克州	1.000	0.785	1.000	1.000	0.785
	喀什地区	1.019	0.910	1.019	1.000	0.926
	和田地区	0.973	0.877	0.973	1.000	0.853
	地区平均	0.988	0.927	0.988	1.000	0.916

由表 5-21 可见：

（1）2011—2012 年全区 14 个地州市全要素生态率（TFP）均值为 0.916，平均呈下降趋势，平均下降幅度为 8.4%，较上年度已经提升 12.9 个百分点。技术效率和技术进步指数均小于 1，可见 TFP 退步是由技术效率和技术水平退步共同造成。14 个地州市中除了克拉玛依市大于 1，其余 13 个地州市 TFP 全小于 1，呈退步趋势，退步幅度在 2.1% 和 21.5% 之间，退步幅度最大的为克州（21.5%），其次为塔城地区（17.9%）、吐鲁番市（17.4%）。

（2）从 TFP 分解各指数变化情况分析，技术进步指数（TC）均值为0.927，平均呈下降趋势，年均下降幅度为 7.3%，较上一年度上升 9.4 个百分点。除了乌鲁木齐市、克拉玛依市外，其余 12 个地州市全部呈退步趋势，退步幅度在 2.1% 和 21.5% 之间，其中克州退步幅度最大，为 21.5%。技术效率指数（EC）均值为 0.988，平均呈下降趋势，下降幅度为 1.2%，较上一年度提升 4.4 个百分点。有 11 个地州市 EC 大于 1，进步幅度在 1.9% 和 6.7% 之间，有 3 个地州市 EC 小于 1，呈下降趋势，退步幅度在 2.7% 和 26.3% 之间，其中退步幅度最大的为乌鲁木齐市（26.3%），其次为塔城地区（26.1%）。

可见由于上一年度工业技术投入严重不足，使得政策导向过度，导致下一年度技术投入过度、积压，从而影响了技术的推广使用，工业型城市技术效率急剧下滑，导致 14 个地州市的平均技术效率整体下降。

表 5-22　2012—2013 年新疆 14 个地州市生态效率 Malmquist 指数

		EC	TC	PE	SE	TFP
地区	乌鲁木齐市	1.239	0.830	1.239	1.000	1.029
	克拉玛依市	1.000	0.862	1.000	1.000	0.862
	吐鲁番市	1.000	0.892	1.000	1.000	0.892
	哈密市	1.001	0.966	1.001	1.000	0.967
	昌吉州	1.080	0.956	1.080	1.000	1.033
	伊犁州直	1.037	0.944	1.037	1.000	0.979
	塔城地区	1.034	0.944	1.034	1.000	0.975
	阿勒泰地区	0.996	0.948	0.996	1.000	0.945
	博州	1.004	0.950	1.004	1.000	0.955
	巴州	0.967	0.972	0.967	1.000	0.941
	阿克苏地区	1.006	0.969	1.006	1.000	0.975
	克州	1.000	0.900	1.000	1.000	0.900
	喀什地区	1.058	0.985	1.058	1.000	1.042
	和田地区	1.084	0.977	1.084	1.000	1.060
地区平均		1.034	0.934	1.034	1.000	0.966

由表 5-22 可见：

（1）2012—2013 年全区 14 个地州市全要素生态率（TFP）均值为 0.966，平均呈轻度下降趋势，平均下降幅度为 3.4%，较上年度已经提升 5 个百分点。技术效率大于 1，技术进步指数小于 1，可见 TFP 退步是由技术水平低造成。14 个地州市中 4 个 TFP 大于 1，进步幅度在 2.9% 和 6.0% 之间；10 个 TFP 小于 1，呈退步趋势，退步幅度在 2.1% 和 13.8% 之间。

（2）从 TFP 分解各指数变化情况分析，技术进步指数（TC）均值为 0.934，平均呈下降趋势，年均下降幅度为 6.6%，较上一年度上升 0.7 个百分点。14 个地州市全部呈下降趋势，退步幅度在 1.5% 和 17% 之间，其中乌鲁木齐市退步幅度最大（17%），其次为克拉玛依市（13.8%）、吐鲁番市（10.8%）。技术效率指数（EC）均值为 1.034，平均呈上升趋势，上升幅度为 3.4%，较上一年度提升 4.6 个百分点。除了阿勒泰地区和巴州外，其余 12 个地州市 EC 大于 1，进步幅度在 0.1% 和 23.9% 之间，其中乌鲁木齐市进步幅度最大，为 23.9%。

表 5-23　2013—2014 年新疆 14 个地州市生态效率 Malmquist 指数

		EC	TC	PE	SE	TFP
地区	乌鲁木齐市	0.971	1.039	0.971	1.000	1.009
	克拉玛依市	1.000	1.064	1.000	1.000	1.064
	吐鲁番市	1.000	0.980	1.000	1.000	0.980
	哈密市	1.012	0.966	1.012	1.000	0.977
	昌吉州	1.071	0.968	1.071	1.000	1.037
	伊犁州直	1.018	0.976	1.018	1.000	0.994
	塔城地区	1.028	0.956	1.028	1.000	0.983
	阿勒泰地区	1.008	0.951	1.008	1.000	0.959
	博州	1.000	0.954	1.000	1.000	0.954
	巴州	1.001	0.971	1.001	1.000	0.971
	阿克苏地区	1.038	0.997	1.038	1.000	1.036
	克州	1.000	0.895	1.000	1.000	0.895
	喀什地区	1.007	0.974	1.007	1.000	0.982
	和田地区	0.926	0.953	0.926	1.000	0.882
	地区平均	1.005	0.974	1.005	1.000	0.979

由表 5-23 可见：

（1）2013—2014 年全区 14 个地州市全要素生态率（TFP）均值为 0.979，平均呈轻度下降趋势，平均下降幅度为 2.1%，较上年度已经提升 1.3 个百分点。技术效率大于 1，技术进步指数小于 1，可见 TFP 退步是由技术水平相对上升慢造成的。14 个地州市中 4 个 TFP 大于 1，进步幅度在 0.9% 和 6.4% 之间；10 个 TFP 小于 1，呈退步趋势，退步幅度在 0.6% 和 11.8% 之间。

（2）从 TFP 分解各指数变化情况分析，技术进步指数（TC）均值为 0.974，平均呈下降趋势，年均下降幅度为 2.6%，较上一年度上升 4 个百分点。除乌鲁木齐市、克拉玛依市外，其余 12 个地州市全部呈下降趋势，退步幅度在 0.3% 和 10.5% 之间。技术效率指数（EC）均值为 1.005，平均呈上升趋势，上升幅度为 0.5%。除了乌鲁木齐市及和田地区外，其余 12 个地州市 EC 均大于 1，进步幅度在 0.1% 和 7.1% 之间。

表 5-24　2014—2015 年新疆 14 个地州市生态效率 Malmquist 指数

		EC	TC	PE	SE	TFP
地区	乌鲁木齐市	1.159	0.956	1.159	1.000	1.108
	克拉玛依市	1.000	1.131	1.000	1.000	1.131
	吐鲁番市	1.000	1.052	1.000	1.000	1.052
	哈密市	0.985	0.982	0.985	1.000	0.968
	昌吉州	1.045	0.965	1.045	1.000	1.008
	伊犁州直	1.034	0.935	1.034	1.000	0.967
	塔城地区	1.031	0.958	1.031	1.000	0.987
	阿勒泰地区	1.192	0.987	1.192	1.000	1.176
	博州	1.007	0.962	1.007	1.000	0.969
	巴州	1.012	0.981	1.012	1.000	0.993
	阿克苏地区	1.169	0.986	1.169	1.000	1.152
	克州	1.000	0.875	1.000	1.000	0.875
	喀什地区	0.994	1.069	0.994	1.000	1.062
	和田地区	0.893	1.009	0.893	1.000	0.901
地区平均		1.034	0.987	1.034	1.000	1.021

由表 5-24 可见：

（1）2014—2015 年全区 14 个地州市全要素生态率（TFP）均值为 1.021，平均呈上升趋势，平均上升幅度为 2.1%，较上年度已经提升 4.2 个百分点。技术效率大于 1，技术进步指数小于 1，可见 TFP 进步是由技术效率进步造成。

14 个地州市中 7 个 TFP 大于 1，进步幅度在 0.8% 和 17.6% 之间，7 个 TFP 小于 1，呈相对退步趋势，退步幅度在 0.7% 和 12.5% 之间。

（2）从 TFP 分解各指数变化情况分析，技术进步指数（TC）均值为 0.987，平均呈下降趋势，年均下降幅度为 1.3%，较上一年度上升 1.3 个百分点。除 4 个地州市外，其余 10 个地州市全部呈下降趋势，退步幅度在 1.3% 和 12.5% 之间。技术效率指数（EC）均值为 1.034，平均呈上升趋势，上升幅度为 3.4%。除 3 个地州市外，其余 11 个地州市 EC 均大于 1，进步幅度在 0.7% 和 19.2% 之间。

表 5-25　2001—2015 年新疆生态效率 Malmquist 指数综合统计表

年份	EC>1 的地州市（个）	TC>1 的地州市及个数（个）	TFP>1 的地州市及个数（个）	TFP 下降因素	退步幅度>15% 的地州市
2001—2002	5	④⑤⑥⑧⑩⑪	④⑤⑥⑩	TC、EC	⑫
2002—2003	8	①②	③⑤⑭	TC	⑬
2003—2004	9	—	—	TC、EC	③⑧⑪⑫⑬⑭
2004—2005	9	⑬	⑤⑭	TC	—
2005—2006	12	—	⑦⑭	TC	—
2006—2007	13	—	③④⑪⑬	TC	⑦
2007—2008	11	①③⑬	③⑨⑪⑬	TC	⑫⑭
2008—2009	11	①③	③⑦⑭	TC	⑪⑫
2009—2010	10	③	③	TC	①②⑫
2010—2011	6	⑨	⑦⑨	TC、EC	②③④⑥⑧⑪⑫⑬⑭
2011—2012	11	①②	②	TC、EC	③⑦⑫⑭
2012—2013	12	—	①⑤⑬⑭	TC	—
2013—2014	12	①②	①②⑤⑪	TC	—
2014—2015	11	②③⑬⑭	①②③⑤⑧⑪⑬	TC	—

注：①乌鲁木齐市；②克拉玛依市；③吐鲁番市；④哈密市；⑤昌吉州；⑥伊犁州直；⑦塔城地区；⑧阿勒泰地区；⑨博州；⑩巴州；⑪阿克苏地区；⑫克州；⑬喀什地区；⑭和田地区。

由表 5-25 可见：

（1）尽管 15 年综合平均分析显示各地州市 TFP 指数都小于 1，呈下降趋势，但分年度分析，每年还是有少数地州市 TFP 指数大于 1，呈增长趋势。除了克州外，其余 13 个地州市全部都出现过 TFP 指数大于 1 的状态。从出现频率来看，吐鲁番市、昌吉州均出现 6 次，和田地区出现 5 次，阿克苏地区、喀什地区出现过 4 次，乌鲁木齐市和克拉玛依市均出现 3 次，哈密市、塔城地区出现过 2 次，其余出现 1 次。可见每个地州市在不同年份的发展水平是不一样的，所以发展趋势也不一样，有些地州市虽然综合生态效率较低，处于明显非效率地区，如昌吉州、阿克苏地区、喀什地区、和田地区、哈密市，但并不影响它们在个别年份表现很突出，全要素生产率呈增长趋势，而反观处于生态效率生产前沿面的克拉玛依市、吐鲁番市表现并不突出，也只是个别年份 TFP指数大于 1，全要素生产率呈增长趋势。这说明新疆各地州市发展很不稳定，可持续性较差。

（2）从技术效率指数和技术进步指数分析，导致新疆 TFP 指数下降的主要因素还是技术进步指数，连续 15 年全要素生产率下降的主要影响因素均是技术水平低，有 4 年是技术效率和技术水平退步共同影响的结果，说明技术水平低是制约新疆生态效率发展的主要和关键因素。

从 EC>1 的地州市数量来看，每个年度大部分地州市技术效率均能表现出增长趋势，说明新疆在技术的应用和推广方面工作开展得较好，年度增长趋势表现得比较稳定。反观 TC>1 的地州市，每一年度数量很少，大部分只有 1～2个地州市技术进步指数呈增长趋势，还有个别年份甚至没有 1 个地州市的 TC>1，可见新疆在技术引进、研发方面力度不够，已经严重制约了新疆经济、社会、环境可持续发展。

从 TC>1 的地州市在各年度出现频次来看，除了塔城地区和克州没出现外，乌鲁木齐市出现 5 次，克拉玛依市、吐鲁番市出现 4 次，喀什地区出现 3 次，效率处于前沿面和边缘前沿面的相对发达的地州市技术水平相对较高，在技术引进、研发方面比较重视，但仍显不足，有待改进和提高。对于克州和塔城地区而言，其在技术引进和研发方面非常落后。技术进步指数一直处于下降趋势。

（3）通过对退步幅度较大（>15%）的地州市的分析发现，除去 5 年空档（没出现大幅度退步的地州市）外，有 9 个年度出现大幅度退步现象，其中克州出现 6 次，占 66.7%，吐鲁番市、阿克苏地区、喀什地区、和田地区出现 3 次，占 33.3%，其余均出现 2 次以下，昌吉州、博州、巴州出现 0 次。出现大幅度退步的有 11 个地州，包括生态效率较高地区克拉玛依市、乌鲁木齐市、吐鲁番市，说明这些地州市发展不稳定，存在较大起伏；而克州生态效率几乎在每个年度都大幅度下降，已经严重影响新疆可持续发展的进程，成为新疆地方经济的短板；昌吉州、博州、巴州全要素生产率未出现大幅度退步，说明发展相对平稳；对于南疆 4 地州市——阿克苏地区、喀什地区、和田地区以及克州来说，其不但生态效率低下，且发展起伏大，今后需要针对这两方面进行改进和完善。

（4）2003—2004年、2010—2011年全要素生产率极低，分别为0.855和0.787，而且分别有6个和9个地州市TFP指数下降幅度超过15%。其原因是：2003—2004年是"非典"暴发年，全部力量用于防治"非典"，所以经济建设不正常，发生大幅度下滑；2010—2011年对新疆来说也是不平凡的一年，经济建设无法保持完全正常运行。这说明社会稳定是影响经济发展和生态效率全面提升的重要因素。

5.5 投入产出冗余分析

本节将2001—2015年新疆各地区各投入变量松弛量除以对应的投入指标值进而得到投入冗余率。计算结果如表5-26所示。

表5-26 新疆各地州市生态效率投入产出指标冗余率　　　单位：%

		就业人口	固定资产投资	用水总量	二氧化硫排放量	氮氧化物排放量	废水排放量	COD排放量	氨氮排放量	生产总值
地区	乌鲁木齐市	-57.27	-8.29	-3.72	-36.74	-38.76	-46.80	-65.35	-78.29	0.00
	哈密市	-51.93	-58.36	-73.02	-75.02	-56.69	-51.93	-83.38	-74.39	0.00
	昌吉州	-26.49	-33.74	-51.89	-36.23	-50.42	-26.49	-82.26	-73.86	0.00
	伊犁州直	-86.89	-45.18	-94.68	-58.03	-57.75	-58.28	-94.62	-88.26	0.00
	塔城地区	-68.60	-13.55	-81.12	-11.59	-26.47	-11.59	-91.71	-78.75	0.00
	阿勒泰地区	-83.22	-49.77	-97.57	-87.42	-31.07	-38.50	-94.87	-86.52	0.00
	博州	-74.30	-35.34	-89.69	-13.73	-33.63	-13.73	-91.14	-71.19	0.00
	巴州	-59.27	-24.79	-90.31	-9.15	-15.64	-30.69	-93.41	-79.33	0.00
	阿克苏地区	-85.80	-26.95	-97.15	-24.00	-27.70	-35.75	-88.81	-84.62	0.00
	克州	-92.50	-56.07	-96.43	-48.36	-55.10	-54.00	-95.64	-91.51	0.00
	喀什地区	-92.01	-51.99	-97.72	-40.35	-53.99	-49.12	-93.95	-91.74	0.00
	和田地区	-94.76	-53.35	-98.05	-44.32	-54.65	-44.32	-91.01	-88.84	0.00
	地区平均	-72.75	-38.12	-80.95	-40.41	-41.82	-38.43	-88.85	-82.28	0.00

注：表中列出生态效率无效的12个地州市；生态效率有效地区克拉玛依市、吐鲁番市，因资源配置平衡，未列在表中。

5.5.1 不同地区投入指标冗余分析

图5-21~图5-33分别显示了新疆全区及各地州市投入要素冗余率。

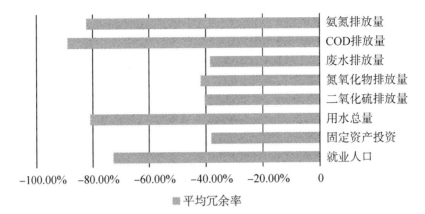

图 5-21　新疆全区各投入要素平均冗余率比较

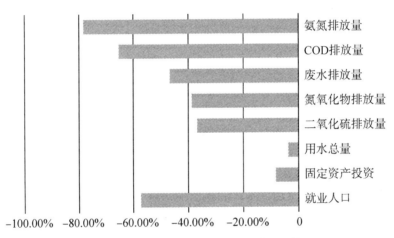

图 5-22　乌鲁木齐市投入要素冗余率比较

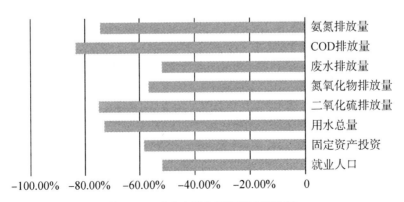

图 5-23　哈密市投入要素冗余率比较

典型干旱资源开发型区域生态效率评估及提升策略分析——以新疆为例

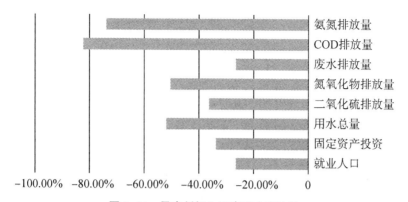

图 5-24　昌吉州投入要素冗余率比较

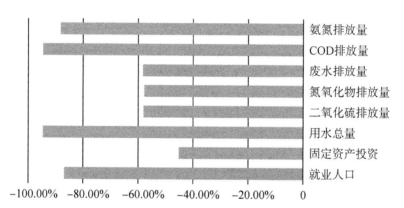

图 5-25　伊犁州直投入要素冗余率比较

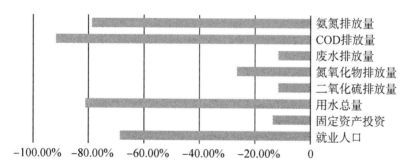

图 5-26　塔城地区投入要素冗余率比较

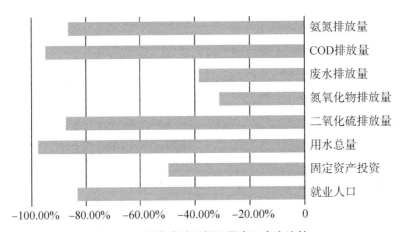

图 5-27 阿勒泰地区投入要素冗余率比较

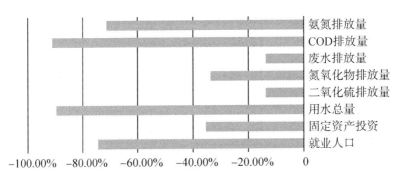

图 5-28 博州投入要素冗余率比较

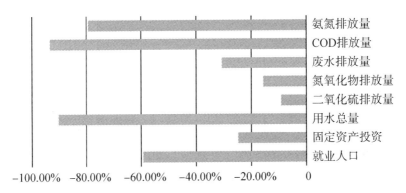

图 5-29 巴州投入要素冗余率比较

典型干旱资源开发型区域生态效率评估及提升策略分析——以新疆为例

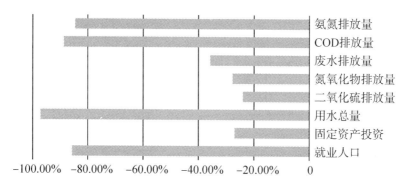

图 5-30　阿克苏地区投入要素冗余率比较

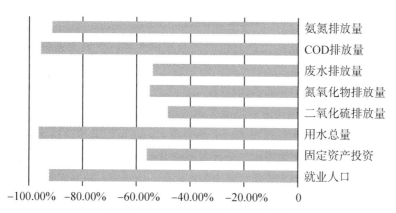

图 5-31　克州投入要素冗余率比较

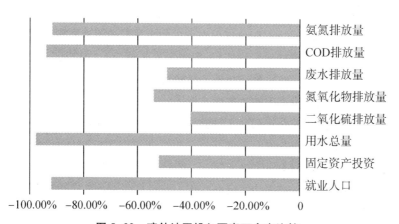

图 5-32　喀什地区投入要素冗余率比较

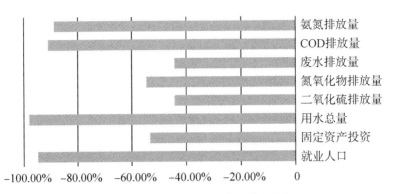

图 5-33 和田地区投入要素冗余率比较

由图 5-21~图 5-33 可以得出如下结论:

（1）各地区产出指标生产总值的冗余率都为零，投入要素都存在冗余。这说明产出不足并不是生态效率损失的原因，资源消耗过多和环境污染物排放过量是生态效率低下的主要原因。

（2）从冗余率均值来看，造成生态效率损失的主要影响因素如下：资源消耗投入指标主要为水资源投入、劳动力投入，环境污染排放指标为 COD 排放量和氨氮排放量。可以看出，全区各地的用水总量和排水总量都存在严重过量问题，在干旱区节约水资源可是个根本问题，下一步改进对水资源的分配和利用刻不容缓。劳动力严重过量、劳动生产率低也是导致生态效率低下的主要原因，下一步应精简冗员，提高劳动生产率，实现产业结构由劳动密集型向技术密集型转变。

（3）从各地区来看，不同地区生态损失的主要影响因素有所不同。

南疆三地州（阿克苏地区除外）、伊犁州直 8 项投入指标冗余率均超过平均值，说明这几个地区的发展还是处于高密集劳动力、高投入、高耗能、高污染的原始积累发展阶段，生态效率极其低下。

阿勒泰地区除氮氧化物和废水排放量外，其余 6 项指标全部超标，其中二氧化硫超标可能与矿产开发、冶炼有关。

阿克苏地区、博州 4 项主要指标——劳动力投入、水资源投入、COD 排放量、氨氮排放量超标，与平均冗余率变化一致，存在用水总量和排水总量过量和劳动力过剩问题。

塔城地区、巴州水资源投入、COD 排放量、氨氮排放量 3 项超标，存在用水总量和排水总量过量问题。

哈密市、昌吉州大气污染物二氧化硫、氮氧化物排放量超标。这和这两个地区大气污染型工业企业较多、污染物排放负荷大有关。

乌鲁木齐市无论是资源利用指标还是环境类指标冗余率均较低，未超过平均值，说明乌鲁木齐市在节能环保方面利用率相对较高。

5.5.2 各项投入指标冗余分析

图5-34~图5-41分别显示了新疆各地州市各投入要素的冗余率。

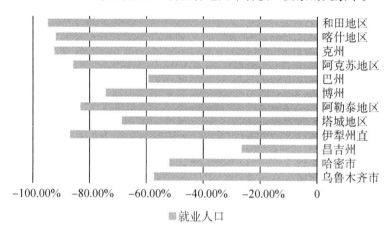

图5-34 地州市就业人口冗余率比较

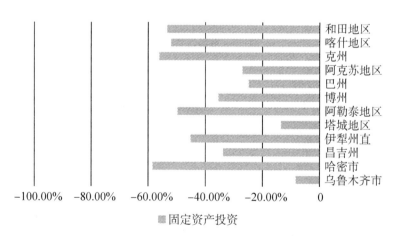

图5-35 地州市固定资产投资冗余率比较

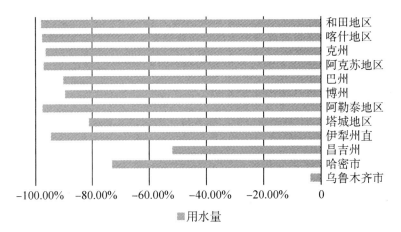

图 5-36 各地州市用水量冗余率比较

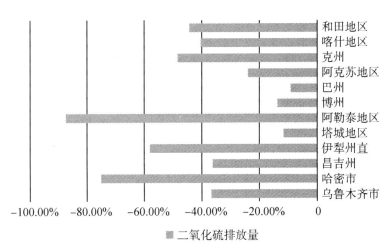

图 5-37 各地州市二氧化硫排放量冗余率比较

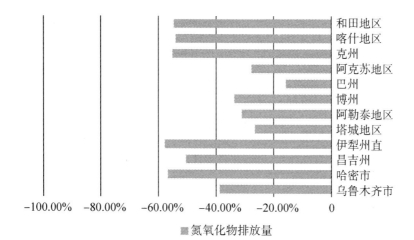

图 5-38　各地州市氮氧化物排放量冗余率比较

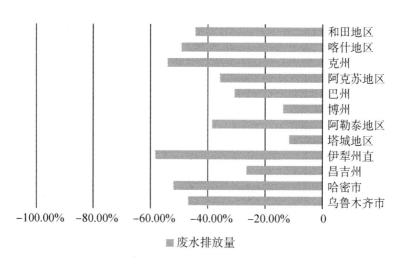

图 5-39　各地州市废水排放量冗余率比较

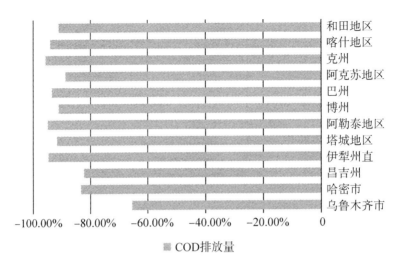

■ COD排放量

图 5-40 各地州市 COD 排放量冗余率比较

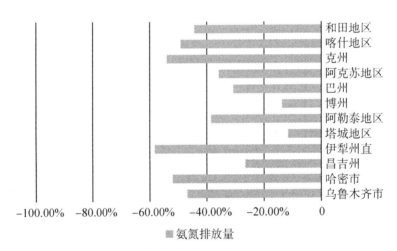

■ 氨氮排放量

图 5-41 各地州市氨氮排放量冗余率比较

5.5.2.1 资源消耗投入指标分析

（1）劳动力投入。劳动力投入冗余率较高，超过平均值的地区有南疆四地州、伊犁州直、阿勒泰地区、博州，这几个地区是新疆主要的农牧区，产业以农牧业为主，出现劳动力投入过剩问题，降低了生态效率。需从提高劳动生产率、加强劳动力转移就业、发展密集型产业等方面着手解决劳动力过剩问题。

（2）固定资产投资。固定资产投资冗余率较高，超过平均值的地区有南疆三地州——克州、喀什、和田，以及伊犁州直、博州、阿勒泰。这几个地区的经济都不发达，固定资产投资严重过剩，没有充分发挥投入资本的效力，造成资金浪费。今后这些地区应控制资本投入，避免资金浪费。

（3）水资源投入。水资源投入冗余率较高，超过平均值的地区有位于南疆的五个地州市、博州、伊犁州直、阿勒泰地区。这些地区经济欠发达，以农牧业为主，水资源利用效率低。新疆是干旱缺水的省区，水资源极度匮乏，如何高效利用现有水资源、提高生态效率是今后亟待解决的问题。

5.5.2.2　环境污染投入指标分析

（1）废气排放指标。二氧化硫和氮氧化物排放量冗余率较高，超过平均值的地区有伊犁州直、阿勒泰地区、哈密市、昌吉州，克州、喀什地区、和田地区。这是由当地的产业类型决定的，这几个地区工业类型以煤矿、金属、石灰石矿山开采及矿产加工为主，排放的工业废气量较大。如何对现有资源开发型企业进行提质增效、减少废气污染物的排放量是今后需要解决的问题。

（2）废水排放指标。COD和氨氮排放量冗余率普遍较高，COD冗余率平均值为 -88.85% ，氨氮冗余平均值为 -82.28% ，除了乌鲁木齐市、昌吉州、哈密市废水排放量冗余率稍微低一点，其余地州市都很高。当地配套污水处理设施不完善，污水综合利用率低，所以污水减排效果较差，这已经成为全疆一个普遍存在的问题。今后应进一步加大投入，建设和完善污水处理设施，加强水资源的综合利用、再生利用、循环利用。

5.6　影响因素分析

5.6.1　研究现状

目前，有关区域生态效率影响因素的理论和实证研究较少，主要是国内学者开展了一些相关研究。陈傲[140]以2000—2006年中国29个省域为研究对象，选取资金投入、环境政策、产业结构为自变量，生态效率值为因变量，做了多元统计回归；付丽娜等[59]以2005—2010年长株潭"3+5"城市群为研究对象，选取产业结构、城镇化率、外资利用、研发强度为自变量，生态效率值为因变量，做Tobit截断回归；李海东和王善勇[206]选取经济发展、产业结构、环境政策、科技水平、治污力度、地区开放水平为自变量，生态效率值为因变量，运用面板数据个体固定效应模型做回归分析，对2006—2009年中国30个省域进行研究；潘兴侠[38]以2005—2011年中国30个省域为研究对象，选取经济发展水平、产业结构、外资利用、人力资本、科技实力和环境政策为自变量，生态效率值为因变量，运用面板数据空间模型进行回归分析，研究表明产业结构、科技投入、外资利用对生态效率的影响是正向的，经济发展、环保投资对生态效率的影响是负面的，人力资本因素对区域生态效率的影响并不显著；梁星和卓得波[207]以中国2006—2015年30个省域为研究对象，选取经济发展水平、产业结构、外资利用、环境政策、技术创新、城镇化以及平均受教育水平7个因素为自变量，生态效率值为因变量，做回归分析，研究表明经济发展水平、技术创新、平均受教育水平生态效率有显著的正向影响，产业结构、环境政策以及城镇化水平对生态效率的影响显著为负。具体如表5-27所示。

表5-27　区域生态效率影响因素研究概况

作者	研究对象	影响因素	研究办法
陈傲[140]	2000—2006年中国29个省域	资金投入 政策设计 产业结构	面板数据固定效应模型多元统计回归
付丽娜等[59]	2005—2010长株潭"3+5"城市群	产业结构 城镇化率 外资利用 研发强度	Tobit截断回归法
潘兴侠[38]	2005—2011年中国30个省域	经济发展水平 产业结构 外资利用 人力资本 科技实力 环境政策	面板数据空间模型
李海东和王善勇[206]	2006—2009年中国30个省域	经济发展 产业结构 环境政策 科技水平 治污力度 地区开放水平	个体固定效应模型
梁星和卓得波[207]	2006—2015年中国30个省域	经济发展水平 产业结构 外资利用 环境政策 技术创新 城镇化 平均受教育水平	非线性回归模型

5.6.2　指标选取及数据说明

影响因子选取依据：一是查阅文献，初步筛选；二是主要从影响生态效率的两个主要因素即资源消耗、环境影响选取影响因子；三是考虑新疆这个干旱资源型区域的特点，在研究前人文献的基础上，兼顾数据的可得性进行指标设定；四是在数据可得的前提下，尽量保证选取因素的全面性。

本研究选取 7 项指标进行实证分析：

（1）经济发展水平（Agdp）：用人均 GDP 衡量。

（2）产业结构（Tr）：用第三产业占比衡量。

（3）外资利用（Ir）：用外商投资占比衡量。

（4）环境政策（Er）：用环保治理投资占经济生产总值的比例衡量。

（5）城镇化率（Cr）：用城镇人口占总人口的比例衡量。

（6）平均受教育水平（Edr）：用小学、中学、大学人数乘以各自就读时间衡量。

（7）市场化程度（MktD）：用非公职人员与从业人员比例衡量。

数据主要来自《新疆维吾尔自治区统计年鉴》《新疆环境统计年报》《新疆维吾尔自治区国民经济与社会发展统计公报》，直接统计或计算得出。

5.6.3　模型建立

以上述 7 项指标作为自变量，以静态生态效率值为因变量，运用 Stata 软件进行 Tobit 回归分析，建立如下回归方程：

$$AE = \alpha + \beta_1 \ln(Agdp) + \beta_2 \ln(Tr) + \beta_3(Ir) + \beta_4 \ln(Er) + \beta_5(Cr) + \beta_6 \ln(Edr) + \beta_7(MktD) + \mu$$

式中 AE 表示生态效率，α 为常数项，β_i 为待估参数，μ 为随机误差项，回归结果见表 5-28。

表 5-28　生态效率影响因素的 Tobit 回归分析一览表

解释变量	系数	标准差	Z 统计量	P 值	显著性水平
常数项	−5.305	0.182	−29.058	2e-16	***
人均 GDP（Agdp）	−0.001	0.006	−0.106	0.915	
第三产业占比（Tr）	0.143	0.101	1.422	0.155	
外商投资占比（Ir）	0.258	0.058	4.476	7.60e-06	***
环保治理投资比例（Er）	−1.660	0.443	−3.747	1.79e-04	***

表5-28(续)

解释变量	系数	标准差	Z统计量	P值	显著性水平
城镇人口占比(Cr)	0.022	0.003	7.518	5.55e-14	***
平均受教育水平(Edr)	0.467	0.193	2.427	0.015	*
非公职人员占比(MktD)	-1.182	0.194	-6.082	1.19e-09	***

注：***、**、*分别表示0.001、0.01、0.05的显著性水平。

5.6.4　结果分析

由表5-28可知，外商投资占比、城镇人口占比、平均受教育水平、第三产业占比与生态效率值呈正相关关系，其中前三项与生态效率值呈显著正相关关系；而环保治理投资比例、非公职人员占比与生态效率值呈显著负相关关系。这说明外资利用、城镇化率、平均受教育水平、第三产业占比对生态效率起促进作用；环境政策、市场化程度对生态效率起抑制作用。结合新疆实际，今后要想进一步提高新疆的生态效率，确保环境、经济、社会协调可持续发展，要做好以下几方面的工作：第一，加大城镇化建设力度，尤其是小城镇建设力度，这和中国政府自党的十八大和十九大以来的城镇发展政策以及最新发布的乡村振兴战略是一致的；第二，进一步提升科学技术研究和应用水平，目前虽然科技人才队伍建设进步了，但研发和应用水平还处于摸索阶段和粗放式发展阶段，而提高科技成果转化效率是关键；第三，调整环保政策，提高环保投资治理效率，要求环境政策和治理应更有针对性；第四，加强对非公有制企业经营的管理，不能为了GDP而牺牲环境利益；第五，鼓励对新疆可持续发展有利的外商投资；第六，调整、优化产业结构，逐渐增加第三产业比重。

5.7　本章小结

（1）与全国各省区市相比，新疆综合生态效率水平低下，资源配置不合理。新疆综合生态效率排名居全国第31位，仅为0.5622，约为平均值的60.19%，约为第1名北京的23.11%，说明新疆综合生态效率还十分低下。将生态效率解构成资源效率和环境效率来看，资源效率排名全国第30位，仍然十分低下，但环境效率排名有所上升，为全国第22位，排名提升9位。这说明新疆生态效率低下主要由资源效率低下造成，资源配置不合理、资源消耗量大、高耗能仍然是新疆经济发展的特征和现状。

（2）空间分布存在不平衡性。北疆、东疆、南疆的生态效率值分别约为1.61、1.17、0.81，北疆>东疆>南疆。比较14个地州市的生态效率，可以发现最高约为4.19，最低约为0.48，前者约为后者的8.71倍，地区间生态效率不平衡。且14个地州市中只有克拉玛依市和吐鲁番市两地生态效率值大于1，达到有效生产前沿面，说明大部分地区生态效率水平偏低。

（3）时间变化分析。自2001年至2015年，新疆全区生态效率持续波动，最终以约5.7%的小幅提升。从三个五年计划变化情况分析，生态效率从"十五"期间的0.988 1到"十一五"期间的1.063 8，再到"十二五"期间的1.064 3，呈阶段小幅上升趋势。

通过对北疆、东疆、南疆三个区域生态效率的对比分析可知，自2001年至2015年，北疆生态效率成波动式上升趋势，增长28.9%。南疆、东疆均呈波动式下降趋势。从"十五"到"十一五"再到"十二五"期间，北疆、东疆生态效率均达有效生产前沿面，南疆生态效率较低，未达有效生产前沿面。其中北疆生态效率从1.35到1.49到2.00，呈阶段上升趋势；而南疆从0.82到0.80再到0.81，基本保持不变；东疆从1.28到1.08再到1.14，呈略微下降趋势。

（4）生态效率解构成资源效率和环境效率，按照资源效率和环境效率的高低，可将新疆各地区发展模式分为四种：低能耗、低排放模式；高能耗、低排放模式；低能耗、高排放模式；高能耗、高排放模式。

（5）通过Malmquist指数分解分析，发现技术进步指数是生态效率的主要影响和制约因素；而综合技术效率指数、纯技术效率指数和规模效率指数对生态效率起一定的促进作用。所以进一步加强新技术的引进和研发是提升生态效率的关键。

（6）从投入产出冗余率分析，产出不足并不是生态效率损失的原因，资源消耗过多和环境污染物排放过量才是生态效率低下的主要原因。造成生态效率损失的主要影响因素有水资源投入、劳动力投入、COD排放量和氨氮排放量。

（7）从影响因素分析，外资利用、城镇化率、平均受教育水平与生态效率呈显著正相关关系，而环境政策、市场化程度与生态效率呈显著负相关关系。因此，今后要想进一步提高新疆的生态效率，确保环境、经济、社会协调可持续发展，要加强城镇化建设力度；进一步加强科学技术研究和应用水平；调整环保政策，使之更有针对性和成效；加强对非公有制企业经营的管理；鼓励对新疆可持续发展有利的外商投资；调整、优化产业结构，逐渐增加第三产业比重。

6 新疆生态效率存在的问题及提升策略研究

通过对前面第 3、第 4、第 5 章分析结果进行梳理，发现新疆农业生态效率、工业生态效率、综合生态效率与全国其他省份相比，排名靠后或者垫底，生态效率与全国平均水平相比也有较大差距。生态效率是衡量循环经济与可持续发展的重要概念，生态效率高低可以反映一个区域经济与环境是否协调发展。本章主要通过对农业生态效率、工业生态效率、综合生态效率测算分析结果进行分析，找到影响新疆经济可持续发展的问题和不足，并提出有针对性的对策和措施，为新疆今后保持绿色、协调、可持续发展提供依据。

6.1 问题和不足

6.1.1 农业生态效率研究中发现的问题和不足

6.1.1.1 生态效率水平低下，地区间发展不平衡

通过对新疆农业生态效率静态、动态分析发现，尽管自 2001 年至 2015 年，新疆农业生态效率总体呈现上升趋势，从 2001 年的 0.62 至 2012 年的 1.03，再到 2012—2015 年连续 4 年农业生态效率值都大于 1，从"十五"期间的 0.68 到"十一五"期间的 0.76 再到"十二五"期间的 1.01，农业生态效率从无效状态到有效生产前沿面。但与全国各省区市横向比较发现，新疆农业生态效率为 0.67，在全国排名第 28 位，仅为第 1 名海南的 1/3，即便与西北其他省区市相比，也处于落后位置，说明新疆总体农业生态效率仍然较低，且在全国处于落后地位。通过对新疆 14 个地州市间生态效率的比较可知，生态效率值最高的为 3.68，最低的为 0.71，最高约为最低的 5.18 倍。北疆、东

疆、南疆三个片区连续 15 年的农业生态效率平均值分别为 1.30、1.39、1.07，全部都达到有效生产前沿面，三个片区的农业效率值存在明显差异，其数值从大到小依次为东疆、北疆、南疆。这说明地区间农业经济发展存在不平衡性。

6.1.1.2　农业发展受技术应用水平制约，资源配置不合理

通过生态效率动态指数（Malmquist）变化分析，技术进步指数均值为 1.045，年均增长 4.5%，对农业生态效率提升的贡献最大，是促进农业生态效率提升的最主要因素，而技术效率指数、纯技术效率指数平均值均为 0.997，都小于 1，对农业生态效率起一定的制约作用；规模效率指数大部分年度都小于 1，说明新疆农业生产规模配置不合理。

6.1.1.3　资源消耗过多，环境污染物尤其是水污染物排放过量

通过对生态效率投入产出冗余率分析可知，资源投入要素、环境污染物排放指标都存在冗余。这两者是造成农业生态效率损失的主要影响因素。冗余率排名情况如下：冗余率从高到低分别为 COD 排放量、有效灌溉面积、氨氮排放量、播种面积、农村劳动力人数，这些因素是造成农业生态效率损失的主要因素，冗余率均在 40% 以上，其中 COD 冗余率最高达 76.76%。可见水资源的利用过量和水污染物排放过量是农业生产的主要特征。

6.1.1.4　农业产业结构不合理制约发展

2015 年新疆农业统计数据显示，农林渔牧的比例分别为 74.9%、1.7%、22.6% 和 0.8%，与全国相比，农业比例过大，林业和渔业比例过小，缺乏产业多样性，产业结构单一不利于新疆农业发展，而种植业结构中粮食作物比例过大，经济作物比例不足也是一大制约因素。

6.1.2　工业生态效率研究中发现的问题和不足

6.1.2.1　生态效率水平低下，地区间发展不平衡

通过对新疆工业生态效率静态、动态分析发现，2001—2015 年，工业生态效率呈波动式上升趋势，据三个五年计划变化分析，工业生态效率从"十五"期间的 0.75 到"十一五"期间的 1.00 再到"十二五"期间的 1.08，一直处于稳步上升状态，尤其从 2010 年"十一五"末开始，生态效率一直都稳定在 1 以上，保持在有效生产前沿面。但与全国各省区市横向比较发现，新疆工业生态效率为 0.73，在全国排名第 28 位，约为第 1 名海南的 16.44%，与西北其他省区相比，位于甘肃、宁夏之前，也位于同是资源开发大省的山西之前，但在全国仍处于落后地位，说明新疆工业生态效率仍然较低。北疆、东疆、南疆连续 15 年的工业生态效率平均值分别为 2.04、2.85、1.21，全部都

达到有效生产前沿面，从高到低依次为东疆、北疆、南疆，区域间差异显著。比较 14 个地州市综合技术效率值，最高为 8.97，最低为 0.59，前者约为后者的 15.20 倍，说明地区间工业生态效率极不平衡。

6.1.2.2　工业发展技术水平较低，新技术的研发、引进和创新力度薄弱

通过生态效率动态指数（Malmquist）变化情况分析，2001—2015 年全要素生产率（TFP）偏低，均值为 0.982，年均下降幅度为 1.8%，技术进步指数均值为 0.967，年均下降幅度为 3.3%，与 TFP 指数变动基本同步，是工业生态效率的主要影响和制约因素。从"十五""十一五""十二五"三期变化分析，全要素生产率持续下降，从 1.027 到 1.014 再到 0.968，下降幅度为 5.9%；规模效率保持 1.00 不变，综合技术效率和纯技术效率指数不断提升，从"十五"到"十二五"提升 26.5%，但抵不过技术进步指数持续降低，从"十五"到"十二五"降低 44.6%。综合分析，技术进步指数是全要素生产率变化趋势的主要制约因素，技术效率指数是促进因素。这说明新疆工业技术水平相对比较落后，今后尤其要高度重视工业新技术的研发和引进。

6.1.2.3　资源消耗过多，环境污染物尤其是大气污染物排放过量

通过对生态效率投入产出冗余率分析可知，资源投入要素、环境污染物排放指标都存在冗余。这两者是造成工业生态效率损失的主要影响因素。从冗余率均值排名来看，造成生态效率损失的主要影响因素依次为工业二氧化硫排放量、工业氮氧化物排放量、工业废气排放量、工业用电和工业用水总量。可以看出，全区各地的大气污染物排放存在严重过量问题，这是北方资源型城市尤其是矿产资源开发型城市工业生产存在的典型问题，今后新疆工业发展还要继续在脱硫、脱硝上加强工作。此外，工业用电、用水过量也是造成生态效率损失的重要因素。

6.1.2.4　工业内部结构不合理制约发展

以煤炭、石油和天然气等资源型产业为主的重工业发展较为迅猛。2015 年新疆工业统计数据显示，轻重工业比例为 18.7∶81.3，重工业化明显，轻重工业结构极不合理。

6.1.3　综合生态效率研究中发现的问题和不足

6.1.3.1　生态效率水平低下，资源配置不合理，地区间发展不平衡

新疆综合生态效率在全国排名第 31 位，仅为 0.562 2，约为全国平均水平的 60.19%，约为第 1 名北京的 23.11%，说明新疆综合生态效率还有待提升。将生态效率解构成资源效率和环境效率来看，资源效率排名全国第 30 位，仍

然较低，但环境效率排名有所上升，为全国第 22 位，排名提升 9 位。这说明新疆生态效率低下主要由资源效率低下造成，资源配置不合理、资源消耗量大和高耗能仍然是新疆经济发展的特征和现状。

北疆、东疆、南疆的生态效率均值分别约为 1.61、1.17 和 0.81，北疆明显大于东疆和南疆。比较 14 个地州市的生态效率，最高约为 4.19，最低约为 0.48，前者约为后者的 8.71 倍，地区间生态效率不平衡，且 14 个地州市中只有克拉玛依市和吐鲁番市两地生态效率值大于 1，达到有效生产前沿面，整体生态效率值偏低。

6.1.3.2 全区经济发展技术水平较低，新技术的研发、引进和创新力度薄弱

通过生态效率动态指数（Malmquist）变化分析结果发现，技术进步指数均值为 0.925，大致上呈下降趋势，年均下降幅度为 7.5%，各年度均呈下降趋势；而综合技术效率均值为 1.015，增长幅度为年均 1.5%，除了少数几年略微下降，其余各年均呈增长趋势，增长幅度在 0.3% 和 10.9% 之间。可见技术进步指数呈下降趋势，与 TFP 指数保持同步变化，是 TFP 的主要影响和制约因素，而技术效率指数起到促进作用。这说明新疆对新技术的利用效率和利用水平一直在改善，但对新技术的研发和引进力度较薄弱，今后有待进一步加强。

6.1.3.3 资源消耗过多，环境污染物尤其是污水污染物排放过量

通过对生态效率投入产出冗余率分析可知，资源投入要素、环境污染物排放指标都存在冗余。这两者是造成新疆综合生态效率损失的主要影响因素。从冗余率均值排名来看，造成生态效率损失的主要影响因素依次为 COD 排放量、氨氮排放量、用水总量和就业人口。可以看出，全区各地的用水总量和排水总量都存在严重过量问题，在干旱区节约水资源是个根本问题，改进对水资源的分配和利用刻不容缓。

6.1.3.4 产业结构不合理制约发展

虽然新疆的产业结构在逐年改善，从 1990 年至 2015 年，产业结构大小依次由一、二和三产业逐步演变为二、三和一产业再到三、二和一产业；2015 年新疆一、二和三产业的比例为 17.1∶37.8∶45.1，三产业比例首次超过二产业，但与我国一些经济相对发达的地区相比，产业结构层次依旧较低，还需继续调整和优化升级。

6.2 提升策略和路径研究

6.2.1 积极调整产业结构，促进产业结构优化升级

由 6.1 节的分析结果可见，新疆产业结构不合理。第一产业比例仍然过高，内部结构不合理；第二产业内部结构不合理，需要优化转型升级；第三产业比重仍有提升的空间。调整提升策略如下：

（1）总体调整优化思路是：调优一产、升级二产和壮大三产，构建产业循环链，促进一产、二产和三产融合协调发展，构建新型产业体系。

新疆产业结构在不断改善和调整，由 1978—1993 年的农业占最大比重的"一二三"格局，到 1994—2014 年工业占主导的"二三一"格局，再到 2015 年至今的"三二一"格局，产业结构经历了农业经济发展阶段、工业初级发展阶段、工业深化发展阶段、绿色发展初级阶段。但当前仍然存在一产比重过大、内部结构不合理，二产发展较粗放、集约化程度不高，三产发展滞后、产业竞争力较弱等问题。所以下一步的任务就是调优一产、升级二产、壮大三产，促进一产、二产和三产融合协调发展，构建新型产业体系。

（2）调整乡村产业结构，构建新型农业产业体系。

当前新疆一产内部结构存在的问题是种植业和牧业比重过大，由于林业和水域面积有限，林业和渔业比重较小，缺乏产业多样性，产业结构单一不利于新疆农业发展，而种植业结构中粮食作物比重过大、经济作物比重不足也是一大制约农业发展的因素。

结合新疆"十三五"国民经济发展规划制定的"稳粮、调棉、优果、促畜和兴特色"的原则，下一步调整优化农业结构措施如下：

第一，立足新疆区情和不同类型地区特点，把握农村发展规律，整合各类涉农规划和工作方案，对接城市（县域）总体规划和镇、乡、村庄规划，有针对性地制定符合当地发展实际的方案和规划。

第二，构建绿色生产方式。坚持稳粮、优棉、促畜、强果、兴特色，扎实推进种植业、养殖业结构调整，在保证粮食安全的基础上调减过剩粮食品种种植面积，优化棉花区域布局和品种结构，大力发展现代畜牧业，提升林果业品质，壮大特色农业和设施农业。实现"粮-经"二元结构向"粮-经-饲"三元结构的转变。

第三，调整优化农业产业结构，着力提高林业和渔业在农业经济结构中的

比重，增加农业产业多元化和多样性，提升农业多元经济增长能力和抗风险能力。

第四，扩大农业种植业产业规模，增加经济作物的比重，提高农产品附加值，创造更多经济效益；南疆地区要结合地域优势，重点发展核桃、巴旦木、苹果等特色林果业。

第五，通过劳动力转移、外出劳务合作、发展技术性密集型产业，解决劳动力严重过剩问题，增加农民收入。

第六，增加财政支农力度，加大对农村固定资产投资，兴修农林水利等基础涉农设施，结合中共中央、国务院《农村人居环境整治三年行动方案》和新疆的实际情况，加强农村公共服务设施建设，通过改水、改厕、生活污水、垃圾治理，村容村貌整治等行动改善乡村"脏、乱、差"面貌，促进农村人居环境向城市接轨，逐步缩小城乡差距。

第七，发展低耗能、低排放的新型乡镇企业，发展以农副产品加工为主的乡镇企业，发展乡镇企业要把握适度、符合资源承载力的原则，防止工业污染向农村地区转移；加强农业面源污染防治，防止农药、化肥、地膜等农业废弃物超标污染农村土壤和地下水。稳步推进农村环保基础设施建设，重点是污水处理设施建设。

第八，农业机械动力投入呈过剩态势，需暂缓投入，去库存，努力提升设备的应用效率。

第九，大力推进新型城镇化建设，优化城镇空间布局，加快户籍制度改革，有序推进农业转移人口市民化。

（3）加快推进新型工业化，促进产业转型升级。

目前第二产业内部结构不合理，重工业比重过大、占主导地位，轻工业比重过小，增长较慢，尤其以煤炭、石油、天然气等资源型产业为主的重工业发展较为迅猛。措施如下：

第一，进一步优化工业内部结构，调整优化轻重工业比例。目前新疆工业内部结构失衡，重工业比重偏高，轻工业发展滞后，重工业产值增加值占当年工业增加值的90%以上。下一步措施是逐渐降低重工业比重，着力提升特色农副产品加工业、纺织业等轻工业，同时优化重工业产业结构，促进产业链升级，在继续发挥石油、天然气、煤炭等资源开发型产业基础性作用的同时，推进产业链向中下游延伸，逐步改进资源依赖性强，以石油、天然气、煤炭等矿产资源原始开发和初级加工为主的高耗能产业为主导的局面。按照资源节约、保护环境的要求，推进节能减排，促进新疆传统重化工业向低消耗、轻污染、高素质产业发展，实现重化工业转型升级。

第二，发展高附加值、低污染、低能耗的高新技术产业。以发展绿色经济、循环经济、低碳经济理念为指导，发展清洁能源、新材料、先进装备制造、生物、信息、污染物治理、资源综合利用等节能环保产业，打造新型现代生态工业化体系，进一步提升工业发展质量和效率，增加工业产值，提高工人经济收入。

（4）大力发展第三产业，推行生态型服务业。

第一，在现有基础上，继续提升第三产业产值占 GDP 的比重，达到理想稳定的"三二一"产业结构格局。

第二，进一步优化第三产业内部结构，下调传统服务业比重，增加新兴服务业占比；加快发展生产性服务业，促进产业结构调整升级；下调劳动密集型服务业，发展技术密集型服务业；积极发展科技含量高、能源消耗低、经济效益好、环境污染少的第三产业，如信息服务业、现代物流业、金融保险业、教育服务业、旅游业、文化产业、体育产业、互联网、电子商务等。

第三，按照新疆维吾尔自治区人民政府制定的"努力把旅游产业发展为战略性支柱产业"的目标，科学编制具有针对性、前瞻性的旅游业发展规划，加大旅游景区建设力度，加快推进全域旅游示范区建设；加大宣传推介力度，提升旅游服务水平，精心打造特色旅游品牌；打造新的经济增长点，如特色餐饮、家政服务、健康养老、文化体育、休闲娱乐和马产业等休闲娱乐服务业。

6.2.2 转变经济发展方式，推进经济转型，提高经济质量

坚持第一产业上水平，提高农业质量和效益。以生态经济、绿色可持续发展理念来发展新疆现代农业。主要措施如下：一是改变传统、粗放、高耗水、劳动力密集的生产方式，采用集约、低能耗、知识密集型生产方式。二是因地制宜发展适合新疆实际的产业，比如发展高效节水农业，发展玻璃制造业、建材业等以沙为原材料的产业；发展沙漠绿化、沙生药材开发和生物质能源的利用等产业。三是发展具有新疆地缘优势的特色农业，根据新疆独特的气候特点、光热资源发展棉花、特色林果、糖料、畜牧业、设施农业等区域特色农业，并做大做强、形成基地和产业，打出品牌。四是推进农业产业化和农副产品深加工发展，大力培育新型农业经营者和经营单位，加快建设现代农业产业体系、生产体系和管理体系。发展和引进一批具有强大驱动力的主导农副产品深加工企业，推广多种形式的适度农副产品深加工，规模化经营，扩大产业链，提高产品质量，构建整合生产、保鲜、仓储、加工和销售的产业链。有效

解决"难以储存""难以出售"和农产品价格低廉的问题，让农民在各个环节分享更多的增值效益。

坚持第二产业抓重点，促进产业转型升级。一是加快石油石化、冶金建材、轻工食品、机械制造、民族医药等传统产业的转型升级，积极推动上游和下游产业如煤炭、石油、电力和化工的一体化经营，发展现代煤化工和促进传统产业，提高产品技术，优化工艺设备，节能环保，延伸产业链，提升价值链，使之迈向中高端。二是努力发展先进装备制造、节能环保、电子产品、金属加工、硅基新材料等新兴产业，促进战略性新兴产业的发展，扩大新能源设备、输变电设备、特种农畜机械等产业优势。推动制造业转型发展，加快制造业数字化、网络化、智能化和绿色化。三是形成循环经济产业链，按照"减量化、资源化和再利用"原则，合理布局，构筑循环经济发展模式，形成企业之间物料循环、高效循环利用的产业链。

坚持第三产业大发展，推动服务业做大做优。一是发挥特色旅游资源优势，大力推行全域旅游发展模式，完善旅游基础设施，加强旅游道路的修建和维护，更新旅游景区公共服务配套设施，爱护景区环境，推崇绿色旅游理念；优化精品线路，提高旅游质量，规范新疆旅游市场，鼓励旅游企业做大做强，根据游客需求优选短途游、长途游精品线路；加强宣传和策划，打造特色品牌，努力提升新疆旅游形象，通过更新配套设施，提高景区品位，提升景区水平，扩大景区知名度，营造品牌效应。二是加快发展商贸物流业，结合新疆边境口岸优势、"一带一路"政策优势，继续发展国际商贸业，加强与国外组织合作，加快物流基础设施建设，新建一批物流中心和物流港，继续完善、提升物流发展环境，规范物流市场和物流系统，扩大和加强物流企业，建立物流公共信息平台，加强物流网络建设，加强电子商务创新应用，推进产业集群化发展。三是着力培育消费新热点，持续优化消费环境。

6.2.3 科技创新，引进新技术，进一步提高技术研发水平、加大推广力度

根据第 3 章、第 4 章和第 5 章对农业生态效率、工业生态效率、综合生态效率的分析可知，技术进步和技术效率是两个对生态效率有着重要影响的指数。技术进步指数代表新技术的引进和研发，技术效率指数代表新技术的利用效率和利用水平。根据前几章的结论，农业生态效率的提升因素是技术进步指标和技术效率指标，说明农业发展新技术的研究开发和引进已得到加强。但新技术的利用效率和利用水平比较低下，有待提高；工业生态效率和综合生态效

率的促进因素是技术效率指数，技术进步指数偏低，说明在全区的发展上和工业发展上对新技术的利用效率和利用水平一直保持较高水平，但是，新技术的研发和引进是薄弱点，未来需要进一步加强。

一是实施科技创新驱动战略，形成科技创新引领性力量，部署重大科技专项，建设重点实验室和重大科技创新平台，发展高新技术企业，培育优秀创新人才团队，创新重大科技成果，全面推动大众创业。

二是增强自主创新能力。新疆产业竞争力不强主要是因为自主创新能力不足，技术进步有助于推动产业结构演进，实现产业转型。通过力推科技创新，促进资源高效使用，实现产业整体的跨越，走出一条创新驱动和内生增长的转型道路。

三是强化企业创新主体地位和主导作用。积极培育一批高端引领的创新型企业和科技型中小企业，加速科技成果转化。

四是建立良性人才机制，落实优惠政策，加强高端科技人才的引进，积极培养本地科技人才队伍，形成科技人才队伍梯队。

五是充分发挥全国科技援疆机制作用，开展人才援疆、技术援疆，扩大科技区域开放合作，引导先进、适用技术向受援地转移。

6.2.4　积极利用外资，提高外资引进质量

正如第 4 章工业生态效率分析和第 5 章综合生态效率分析，外资利用是影响生态效率的因素，对整体生态效率的影响显著正相关，但对工业生态效率的影响显著负相关。进一步分析发现，2015 年，亏损企业占外商投资企业的比例为 27.1%。这说明从对新疆整体经济发展水平的影响来看，外商投资是有积极促进作用的，但由于工业企业投资亏损较多，故对新疆工业生态效率的影响起到制约作用。这要求新疆在将来引入外资时要更加谨慎。要设定一定的准入门槛，严格把关，选择低耗能、低污染、有利于新疆可持续发展的优质企业项目进入，坚决杜绝"三高"企业和不良资金项目进入新疆。

一是加快实施全球化战略，促进行业向西转移。推进"外引内联、东联西出、西来东去"的开放战略，加快企业走出国门的步伐，利用亚欧博览会和海外展览来弥合企业之间的差距，鼓励有条件的企业参与周边国家市场。鼓励优秀企业走出国门，特别是到邻国，参与基础设施建设、资源开发、工程承包和劳务合作，与出口信贷和外援一起促进货物、服务、技术和设备的出口；原油、天然气、有色金属和农产品有序进出口，给予本地区企业相应的进口资质；积极参与互联互通，对外承包工程和劳务合作，促进光伏和风电设备制造

能力向中亚转移；积极引导本地区产能过剩企业"走出去"，加强对外产业合作，引导产能过剩行业有序向外发展；建立海外贸易合作平台，加快跨境电商发展。

二是完善对外开放布局，推动对外合作基地建设。围绕建设"三通道""三基地"和"十大进出口产业集群"，以喀什、霍尔果斯、阿拉山口和阿勒泰为窗口，开辟南、中、北三个方向的开放通道，改善开放基地的布局。加快喀什、霍尔果斯经济开发区，阿拉山口综合保税区，伊宁、博乐、塔城、吉木乃四个国家级边境经济合作区和其他现有开发区的建设。推进中哈（塔城）国际合作示范区建设，充分发挥示范作用，形成对外开放基地。加强与中亚国家在清洁能源产业和食品加工业方面的合作，加强与中东欧国家在纺织、家电、棉纺等轻工业方面的合作。

三是加快与内地产业的合作，打造开放合作重要平台。落实基础设施、土地、税收、电力、进出口等方面的政策措施，吸引内地多家实力雄厚的企业集团投资。加快沿边境地区部分国家级经济技术开发区、高新技术产业开发区、综合保税区和边境经济合作区的部署。及时采用"飞地"、保管和股份合作等共建模式，吸引沿海和内地企业投资有利于扩大设备、技术和产品出口的行业，带动出口和提高市场竞争力。

四是建立开放式工业体系，加快产业集群建设，促进内外开放格局全面建立。未来，新疆对外发展战略将着眼于丝绸之路经济带核心区的建设，加快实施"走出去"战略。完善对外开放基地布局，建立开放式工业体系，促进内外开放格局全面建立。大力发展丝绸之路经济带沿线国家的出口导向型产业，加快培育一批技术含量高、附加值高的出口产品。加快机械设备、轻工、纺织服装、建材、化工、金属制品、信息产业、石油天然气资源、矿产品、农林牧业产品加工产业集群的建设。围绕油气生产加工和储备、煤炭煤电煤化工、风电和光伏发电建设三大基地，实施产业联动，发展外向型产业集群，促进新疆开放结构转型升级，构建开放型产业体系。

6.2.5 加强环境规划和环境保护管理

根据第 3 章、第 4 章和第 5 章的生态效率分析可知，资源消耗过多、环境污染物排放过量是造成生态效率损失的重要影响因素。这就要求我们做到从源头抓起，严把"三线一单"，持续推进大气、水、土壤污染防治，全过程管理和终端管理相结合，走可持续发展的节能减排之路。

一是加快产业结构和能源消费结构调整。坚决淘汰落后产能，减少源头污染。全面节约和高效利用资源。把资源节约放在优先位置，有效回收资源，提高主要资源的产出率，以最少的资源消耗支持经济和社会的可持续发展。实施国家节能行动计划，提高节能、节水、节约土地、节约材料、冶金标准，落实节能和节水措施，建设资源节约型社会。

二是依法推进节能降耗工作，合理控制能源消费增量，能耗强度逐年下降，控制在约束指标范围内。加强工业、交通、建筑等重点领域的节能减排。加强对规模以上工业企业的能耗监管，严格执行国家单位产品能耗限额标准，做好重点企业能耗达标工作；加快钢铁、电力、有色金属、化工、建材等高能耗产业的节能改造，鼓励推广节能环保技术、工艺、设备和材料，推进绿色交通体系建设，实施公交优先，引导居民绿色环保。大力发展绿色建筑，严格执行住宅建筑节能设计标准，推广新建筑节能技术，提高新建筑节能水平。推行供热计量收费。加强事业单位节能管理，积极开展节约型公共事业单位示范单位建设。严格执行节能评估和审查制度。全面开展重点用能单位能耗在线监测平台建设、能源管理体系建设和能源审计工作。推行合同能源和合同节水管理。加强节能减排监管能力建设，全面推进节能减排监管。

三是严守生态红线底线。出台严禁"三高"项目进新疆具体管理办法和工业类项目准入负面清单，落实最严格的生态保护制度和空间用途管制制度、最严格的耕地保护和水资源管理制度。坚决守住生态功能保障基线、环境质量安全底线、自然资源利用上线"三大红线"。

四是实施最严格的水资源管理制度，科学有序地开发主要河流湖泊水资源，保持江河湖泊健康生态。加强总用水控制、用水效率控制和水功能区污染限制，建设水生产、城市用水、节水型社会三大体系。建立自治区、地、市、县行政区域取水许可总量指标体系，加强规划建设项目水资源论证，实行取水许可制度。建立流域和区域取水许可证控制机制，实施节水制度，加强节水评估管理。合理制定水价，在有条件的地区开展水资源使用权登记和水权交易试点工作，发展水权交易市场。实施再生水利用项目，大力发展节水农业、节水产业和节水服务业，广泛开展节水型城市创建活动。加强对地下水的保护和管理，严格控制地下水的过度开采和滥用，逐步实现地下水回收的平衡，坚决制止非法开垦土地，有序实施征地和减水。严格遵守水资源管理"三条红线"，加强对水资源总量的控制。

6.3 本章小结

本章以提高新疆区域生态效率为目的，主要从新疆农业生态效率、工业生态效率和综合生态效率研究中存在的问题及提升策略方面进行了论述。

在前面章节实证研究的基础上，梳理出农业生态效率、工业生态效率、综合生态效率研究中存在的问题，并从积极调整产业结构、促进产业结构优化升级，转变经济发展方式、推进经济转型、提高经济质量，科技创新、引进新技术，积极利用外资、提高外资引进质量，加强环境规划和环境保护管理五个方面分析探讨了提升新疆农业生态效率、工业生态效率、综合生态效率的若干途径和方案，为推动建设"天蓝地绿水清"的"大美新疆"提供重要依据和指导。

7 结论与展望

7.1 研究结论

新疆地处中国西北边陲，石油、天然气及其他矿产资源丰富，是一个以农牧业和资源开发型产业为主的省份，经济发展水平与沿海发达省份相比仍然比较落后。党的十八大明确提出大力推进生态文明建设，十九大提出"绿水青山就是金山银山"的发展理念，中国开启了生态文明建设新时代，资源节约、绿色发展是今后中国的经济发展理念。而生态效率是衡量可持续发展的重要工具，所以对新疆生态效率进行较为全面的研究具有重要意义，本书从全疆农业生态效率、工业生态效率、综合生态效率三个角度对新疆发展进行了实证分析，对新疆发展中存在的问题进行了剖析并有针对性地提出了提升策略和措施，为推动建设"天蓝地绿水清"的"大美新疆"提供重要依据和指导。

7.1.1 对新疆农业生态效率研究得出的结论

（1）与全国各省区市相比，新疆农业生态效率水平低下。与全国各省区市横向比较发现，新疆农业生态效率为 0.67，在全国排名第 28 位，仅为第 1 名海南的 1/3，即便与西北其他省区相比，也处于落后位置，说明新疆总体农业生态效率仍然较低，且在全国处于落后地位。

（2）空间分布存在不平衡性。通过对新疆 14 个地州市间生态效率的比较可知，生态效率值最高为 3.68，最低为 0.71，最高约为最低的 5.18 倍，北疆、东疆、南疆三个片区连续 15 年的农业生态效率平均值分别为 1.30、1.39、1.07，全部都达到有效生产前沿面，东疆>北疆>南疆，存在明显差异，说明地区间农业经济发展存在不平衡性。

（3）从时间序列分析，2001—2015 年，新疆农业生态效率虽然有小的波动，但总体呈现逐年上升趋势，从"十五"到"十一五"再到"十二五"，农业生态效率从无效状态到有效生产前沿面，说明新疆这些年通过自身在发展中调整，以及借助中央新疆工作座谈会和19省市援疆等国家扶持政策，用3个五年计划逐步实现了农业生产经济增长和资源节约、环境保护的协调发展。

（4）通过 Malmquist 指数分解分析，发现技术进步指数对农业生态效率提升的贡献最大，是农业生态效率提高的促进因素；而技术效率变化指数、纯技术效率变化指数和规模效率变化指数对农业生态效率起制约作用。因此，提升农业生态效率的关键是加强农业技术研究和扶持推广力度，其次要提高农业技术应用水平，控制投入规模，减少化肥、农药等的过度使用，减少资源浪费。

（5）从投入产出冗余分析，造成新疆农业生态效率损失的原因并不是农业产出的不足，而是资源消耗过多和环境污染物排放过量。从冗余率均值高低来看，造成农业生态效率损失的主要影响因素为 COD 排放量、有效灌溉面积、氨氮排放量、播种面积、农村劳动力人数。

（6）从影响因素分析，农业产业结构、人均农业 GDP、财政支农力度与农业生态效率呈显著正相关关系，对农业生态效率起促进作用，而工业化发展水平、机械密度与农业生态效率呈显著负相关关系，对农业生态效率起抑制作用。因此，各地区应从调整农业产业结构、增加财政支农力度、增加农民收入等方面着手，促进资源合理配置，提升农业生态效率。

7.1.2 对新疆工业生态效率研究得出的结论

（1）与全国各省份相比，新疆工业生态效率水平低下。新疆工业生态效率为0.73，在全国排名第28位，约为第1名海南的16.44%，约为平均值的56.59%，与西北其他省区相比，位于甘肃和宁夏之前，也位于同是资源开发大省的山西之前，但在全国仍处于落后位置，说明新疆总体工业生态效率仍然较低。

（2）空间分布存在不平衡性。14个地州市工业生态效率值最高为8.97，最低为0.59，前者约为后者的15.20倍，平均值为1.86；北疆、东疆、南疆连续15年的工业生态效率平均值分别为2.04、2.85、1.21，全部都达到有效生产前沿面，东疆>北疆>南疆，存在明显差异，说明地区间工业经济发展存在不平衡性。

（3）从时间序列变化趋势分析，2001—2015年，新疆工业生态效率整体呈波动式上升趋势；生态效率从"十五"期间的0.75到"十一五"期间的1.00再到"十二五"期间的1.08，一直处于稳步上升状态，尤其从2010年

"十一五"末开始，生态效率一直都稳定在1以上，保持在有效生产前沿面。

（4）通过超效率DEA模型和CCR模型比较分析可知，利用超效率DEA模型计算和测定生态效率值更加精确，在大于1达到有效生产前沿面后，仍可以继续精确计量，有利于地区间排名和差距的定量化分析。

（5）通过Malmquist指数分解分析，发现技术进步指数是制约全要素生产率变化趋势的主导因素，技术效率和纯技术效率指数是促进因素。这说明新疆工业技术应用水平一直保持增长状态，而工业技术的引进和研发力度不够，有待加强。

（6）从投入产出冗余分析，造成生态效率损失的主要影响因素依次为工业二氧化硫排放量、工业氮氧化物排放量、工业废气排放量、工业用电、工业用水总量。可以看出，全区各地的大气污染物排放存在严重过量问题，

（7）从影响因素分析，工业发展水平、科技创新、工业结构、环境规划与工业生态效率呈正相关关系，对工业生态效率起促进作用；而对外开放、产业集聚度与工业生态效率呈负相关关系，对工业生态效率起抑制作用。因此，要提高工业生态效率，需进一步提高工业发展水平；加大工业企业技术研发水平和推广力度；加强环境规划和环境保护管理；谨慎引进外商投资。

（8）新疆是极度干旱缺水地区，节约水资源、加强水资源综合利用是关键，也是第一要务，无论工业地区还是农业地区，都要将节水放在第一位。

7.1.3　对新疆综合生态效率研究得出的结论

（1）与全国各省区市相比，新疆综合生态效率水平低下，资源配置不合理。新疆综合生态效率在全国排名第31位，仅为0.562 2，约为平均值的60.19%，约为第1名北京的23.11%，说明新疆综合生态效率还十分低下。将生态效率解构成资源效率和环境效率来看，资源效率排名全国第30位，仍然十分低下，但环境效率排名有所上升，为全国第22位，排名提升9位。这说明新疆生态效率低下主要由资源效率低下造成，资源配置不合理、资源消耗量大和高耗能仍然是新疆经济发展特征和现状。

（2）空间分布存在不平衡性。北疆、东疆、南疆的综合生态效率值分别约为1.61、1.17、0.81，北疆>东疆>南疆。比较14个地州市的生态效率，可以发现最高约为4.19，最低约为0.48，前者约为后者的8.71倍，地区间生态效率不平衡，且14个地州市中只有克拉玛依市和吐鲁番市两地生态效率值大于1，达到有效生产前沿面，整体生态效率值偏低。

（3）进行时间变化分析，发现2001—2015年新疆全区生态效率持续波动，

最终以约5.7%的小幅提升。从三个五年计划变化情况分析，生态效率从"十五"期间的0.988 1到"十一五"期间的1.063 8再到"十二五"期间的1.064 3，呈阶段小幅上升趋势。

（4）将综合生态效率解构成资源效率和环境效率分析，按照资源效率和环境效率的高低，可将新疆各地区发展模式分为四种：低能耗、低排放模式；高能耗、低排放模式；低能耗、高排放模式；高能耗、高排放模式。

（5）通过Malmquist指数分解分析，发现技术进步指数是生态效率主要影响和制约因素；而综合技术效率指数、纯技术效率指数和规模效率指数对生态效率起一定的促进作用。所以进一步加强新技术的引进和研发是提升生态效率的关键。

（6）从投入产出冗余分析，产出不足并不是生态效率损失的原因，资源消耗过多和环境污染物排放过量是生态效率低下的主要原因。造成生态效率损失的主要影响因素包括水资源投入、劳动力投入、COD排放量和氨氮排放量。

（7）从影响因素分析，外资利用、城镇化率、平均受教育水平、第三产业比重与生态效率呈正相关关系，而环境政策、市场化程度与生态效率呈显著负相关关系。因此，今后要想进一步提高新疆的生态效率，确保环境、经济、社会协调可持续发展，必须做好以下工作：加强城镇化建设力度；进一步提升科学技术研究和应用水平；调整环保政策，使之更有针对性和成效；加强对非公有制企业经营的管理；鼓励对新疆可持续发展有利的外商投资；调整优化产业结构，逐渐增加第三产业比重。

7.1.4 对新疆生态效率提升策略研究得出的结论

本书以提高新疆区域生态效率为目的，主要从新疆农业生态效率、工业生态效率、综合生态效率研究中存在的问题及提升策略方面进行了论述。

在前面章节实证研究的基础上，梳理出农业生态效率、工业生态效率、综合生态效率研究中存在的问题，并从积极调整产业结构、促进产业结构优化升级，转变经济发展方式、推进经济转型、提高经济质量，科技创新、引进新技术，积极利用外资、提高外资引进质量，加强环境规划和环境保护管理五个方面分析探讨了提升新疆农业生态效率、工业生态效率、综合生态效率的若干途径和方案，为推动建设"天蓝地绿水清"的"大美新疆"提供重要依据和指导。

7.2　创新点

本书在研究过程中，主要有以下几点创新：

（1）在研究视角方面，当前学者所做的有关区域生态效率的研究较多，但是将同时具备资源开发型、干旱荒漠型特征的典型区域作为研究对象的非常少见。本书通过研究在资源开发和干旱这两种因素制约下区域的生态效率变化动态和规律，找到导致区域生态效率损失的内在原因及主要影响因素，并有针对性地探索生态效率提升路径，为下一阶段研究提供基础性的、阶段性的、较为全面和具体的理论研究资料，同时也为政府及相关部门的决策提供可靠的参考依据。这样的研究不但具有重要的现实意义，而且具有理论意义。

（2）以新疆全区为研究对象，并且进行多层面、多因素、多角度全面分析，丰富了生态效率研究手段，补充和完善了生态效率理论体系和地方研究资料空白。一是分第一产业生态效率、第二产业生态效率和综合生态效率三个层面进行生态效率测度分析，丰富和完善了新疆生态效率研究内容和行业；二是将综合生态效率分解成资源效率和环境效率进行测度分析，通过分解分析，找到引起综合生态效率下降的主要原因；三是从省级层面、区域层面、地州市层面对生态效率测度进行空间全视角分析；四是从国家"十五""十一五""十二五"三个发展时期、发展阶段进行分析，论证三个五年计划期间新疆生态效率的变化趋势和原因，为今后五年计划的指定提供数据支撑；五是分别对农业生态效率、工业生态效率、综合生态效率从投入产出冗余角度进行生态效率损失原因及改善途径分析，便于找到生态效率损失的内因，为管理部门制定政策提供依据；六是通过研究生态效率的影响因素，探究各要素对生态效率的作用机制；七是通过 Malmquist 指数及其分解指数的动态变化情况研究生态效率的促进和制约机制。总之，通过多层面、多因素、多角度全面分析，丰富了生态效率研究手段，完善了生态效率理论体系，使新疆生态效率研究形成一个完整体系，研究更深入、更全面。

（3）探索和建立指标体系。一是在前人学者研究的基础上，遵循以生态文明思想为指导，体现内容全面性、丰富性和多维性，体现针对性、代表性和特殊性，体现数据的可得性、可靠性和一致性原则，根据新疆地域特点、发展特点，选择适宜的生态效率投入、产出指标，建立研究指标体系。二是根据新疆地域特点、发展特点、数据的完整性和可得性，选择适宜的影响因素，建立

Tobit 回归方程，进行多元回归分析。

7.3 研究不足和展望

（1）在评价指标体系的选择上主要参考了前人研究的结果，从资源、环境和经济三方面进行了指标的选择和验证，本着尽可能全面的原则选择评价指标，但由于新疆统计资料的局限性，个别指标未能选取，比如：工业生态效率中的资本投入和人力投入指标由于无法获得统计资料未能进行验证；农业生态效率指标体系中由于没有用水量指标，选取有效灌溉面积替代，与全国数据相比缺少"大牲口头数"这个投入指标。这些都有待今后进一步完善。

（2）影响因素研究还有待进一步深入。虽然很多学者在区域生态效率影响因素的研究方面做了大量的工作，但还没有形成较为完整的研究体系。本书在研究影响因素时也只是借鉴相关文献，从生态效率的内涵和评价指标出发，选取相应的影响因素指标，分析其对区域生态效率的影响机理，相信影响区域生态效率的因素不只局限于本书研究的框架，还有待于进一步扩展和深入。

（3）在提升策略研究方面，提出的策略可能不够细化，还有待进一步深入研究。本书提出的提升策略可能还比较宏观，虽然也分析了各地州市存在的问题，但在提升策略上针对每个地州市的对策建议还有待今后深入探究。

参考文献

［1］吕健. 中国经济增长与环境污染关系的空间计量分析［J］. 财贸研究，2011（4）：1-7.

［2］石敏俊，马国霞. 中国经济增长的资源环境代价：关于绿色国民储蓄的实证分析［M］. 北京：科学出版社，2009.

［3］贺满萍. 中国经济增长的资源环境代价与经济发展可持续性的制度安排［J］. 经济研究参考，2010（65）：68-72.

［4］马新忠. 评估新疆资源与环境［J］. 中国投资，2011（6）：40-42.

［5］钟茂初. 推动绿色发展关键在于提高生态效率［N］. 中国环境报，2016-06-05（03）.

［6］曹凤中，任国贤，李京，等. 生态效率是衡量绿色经济发展的重要指标［J］. 中国环境管理，2010（1）：11-13.

［7］SCHALTEGGER S, STURM A. Ökologische rationalität：ansatzpunkte zur ausgestaltung von ökologieorientierten management instrumenten［J］. Die unternehmung, 1990, 44 (4)：273-290.

［8］STIGSON B. Eco-efficiency：creating more value with less impact［J］. WBCSD, 1992：5-36.

［9］MULLER K, STERM A. Standardized eco-efficiency indicators-report 1：concept paper［R］. Basel, 2001.

［10］SCHOLZ R W, WIEK A. Operational eco-efficiency：comparing firms environmental investments in different domains of operation［J］. Journal of industrial ecology, 2005, 9 (4)：155-170.

［11］FUSSLER C. 工业生态效率的发展［J］. 产业与环境，1995（4）：71-73.

［12］李丽平，田春秀. 生态效率——OECD 全新环境管理经验［J］. 环境

科学动态, 2000 (1): 33-36.

[13] 周国梅, 彭昊, 曹凤中. 循环经济和工业生态效率指标体系 [J]. 城市环境与城市生态, 2003 (6): 201-203.

[14] 汤慧兰, 孙德生. 工业生态系统及其建设 [J]. 中国环保产业, 2003 (2): 14-16.

[15] 诸大建, 朱远. 生态效率与循环经济 [J]. 复旦学报 (社会科学版), 2005 (2): 60-66.

[16] 邱寿丰, 诸大建. 我国生态效率指标设计及其应用 [J]. 科学管理研究, 2007, 25 (1): 20-24.

[17] 王妍, 卢琦, 褚建民. 生态效率研究进展与展望 [J]. 世界林业研究, 2009, 22 (5): 27-33.

[18] 吕彬, 杨建新. 生态效率方法研究进展与应用 [J]. 生态学报, 2006, 26 (11): 3898-3906.

[19] 曹凤中, 吴迪, 李京, 等. 循环经济本质的探讨 [J]. 黑龙江环境通报, 2008, 32 (3): 1-2.

[20] 甘永辉, 杨解生, 黄新建. 生态工业园工业共生效率研究 [J]. 南昌大学学报 (人文社会科学版), 2008, 39 (3): 75-80.

[21] 刘丙泉, 李雷鸣, 宋杰鲲. 中国区域生态效率测度与差异性分析 [J]. 技术经济与管理研究, 2011 (10): 3-6.

[22] 张雪梅. 西部地区生态效率测度及动态分析: 基于 2000—2010 年省际数据 [J]. 经济理论与经济管理, 2013 (2): 78-85.

[23] 黄和平. 基于生态效率的江西省循环经济发展模式 [J]. 生态学报, 2015, 35 (9): 2894-2901.

[24] 陈真玲. 基于超效率 DEA 模型的中国区域生态效率动态演化研究 [J]. 经济经纬, 2016 (6): 31-35.

[25] NIEMINEN E, LINKE M, TOBLER M, et al. EU COST Action 628: life cycle assessment (LCA) of textile products, eco-efficiency and definition of best available technology (BAT) of textile processing [J]. Journal of cleaner production, 2007, 15 (13/14): 1259-1270.

[26] PARK P J, TAHARA K, INABA A. Product quality-based eco-efficiency applied to digital cameras [J]. Journal of environmental management, 2007, 83 (2): 158-170.

[27] 王妍, 卢琦, 褚建民, 等. 芬兰区域生态效率研究及其对我国的启示:

以芬兰南部 Kymenlaakso 地区为例 [J]. 世界林业研究, 2010, 23 (5): 58-63.

[28] SCHALTEGGER S, BURRITT R. Contemporary environmental accounting: issues, concepts and practice [M]. London: Greenleaf Publishing, 2000.

[29] NETO J Q F, WALTHER G, BLOEMHOF J, et al. A methodology for assessing eco-efficiency in logistics networks [J]. European journal of operational research, 2009, 193 (3): 670-682.

[30] HÖH H, SCHOER K, SEIBEL S. Eco-efficiency indicators in Germany environmental economic accounting [J]. Statistical journal of the United Nations Economic Commission for Europe, 2002, 19 (1): 42-52.

[31] DAHLSTRöM K, EKINS P. Eco-efficiency trends in the UK steel and aluminum industries [J]. Journal of industrial ecology, 2010, 9 (4): 171-188.

[32] MICHELSEN O, FET A M, DAHLSRUD A. Eco-efficiency in extended supply chains: a case study of furniture production [J]. Journal of environmental management, 2006, 79 (3): 290-297.

[33] CANEGHEM J V, BLOCK C, CRAMM P, et al. Improving eco-efficiency in the steel industry: The ArcelorMittal Gent case [J]. Journal of cleaner production, 2010, 18 (8): 807-814.

[34] MAO J S, ZENG R, DU Y C, et al. Eco-efficiency of industry sectors for China [J]. Environmental science, 2010, 31 (11): 2788-2794.

[35] DAI T J, LU Z W. Analysis of eco-efficiency of steel industry [J]. Journal of Northeastern University, 2005, 26 (12): 1168-1173.

[36] 顾程亮, 李宗尧, 成祥东. 财政节能环保投入对区域生态效率影响的实证检验 [J]. 统计与决策, 2016 (19): 109-113.

[37] 苏芳, 闫曦. 云南省循环经济发展的生态效率测度研究 [J]. 武汉理工大学学报 (信息与管理工程版), 2010, 32 (5): 791-794.

[38] 潘兴侠, 何宜庆. 工业生态效率评价及其影响因素研究: 基于中国中东部省域面板数据 [J]. 华东经济管理, 2014 (3): 33-38.

[39] 李惠娟, 龙如银, 兰新萍. 资源型城市的生态效率评价 [J]. 资源科学, 2010, 32 (7): 1296-1300.

[40] 季丹. 中国区域生态效率评价: 基于生态足迹方法 [J]. 当代经济管理, 2013, 35 (2): 57-62.

[41] 史丹, 王俊杰. 基于生态足迹的中国生态压力与生态效率测度与评价

[J]. 中国工业经济, 2016 (5): 5-21.

[42] 刘宁, 吴小庆, 王志凤, 等. 基于主成分分析法的产业共生系统生态效率评价研究 [J]. 长江流域资源与环境, 2008, 17 (6): 831-838.

[43] 李健, 邓传霞, 张松涛. 基于非参数距离函数法的区域生态效率评价及动态分析 [J]. 干旱区资源与环境, 2015, 29 (4): 19-23.

[44] 陈黎明, 王文平, 王斌. "两横三纵" 城市化地区的经济效率、环境效率和生态效率: 基于混合方向性距离函数和合图法的实证分析 [J]. 中国软科学, 2015 (2): 96-109.

[45] 卞丽丽, 韩琪, 张爱华. 基于能值的煤炭矿区生态效率评价 [J]. 煤炭学报, 2013, 38 (3): 549-556.

[46] 孙玉峰, 郭全营. 基于能值分析法的矿区循环经济系统生态效率分析 [J]. 生态学报, 2014, 34 (3): 710-717.

[47] 李名升, 佟连军. 基于能值和物质流的吉林省生态效率研究 [J]. 生态学报, 2009, 29 (11): 6239-6247.

[48] DYCKHOFF H, ALLEN K. Measuring ecological efficiency with data envelopment analysis (DEA) [J]. European journal of operational research, 2001, 132 (2): 312-325.

[49] SARKIS J, GUPTA S M. SPIE Proceedings [SPIE Intelligent Systems and Smart Manufacturing - Boston, MA (Sunday 5 November 2000)] Environmentally Conscious Manufacturing [J]. Proceedings of SPIE, 2001, 4193: 194-203.

[50] KORHONEN P J, LUPTACIK M. Eco-efficiency analysis of power plants: an extension of data envelopment analysis [J]. European journal of operational research, 2004, 154 (2): 437-446.

[51] KUOSMANEN T. Weak disposability in nonparametric production analysis with undesirable outputs [J]. American journal of agricultural economics, 2005, 87 (4): 1077-1082.

[52] 张炳, 毕军, 黄和平, 等. 基于 DEA 的企业生态效率评价: 以杭州湾精细化工园区企业为例 [J]. 系统工程理论与实践, 2008, 4 (4): 159-166.

[53] 杨斌. 2000—2006 年中国区域生态效率研究: 基于 DEA 方法的实证分析 [J]. 经济地理, 2009, 29 (7): 1197-1202.

[54] 程晚娟. 资源、环境两维视角下区域生态效率 DEA 评价 [J]. 当代经济管理, 2013, 35 (2): 63-68.

[55] 唐丹, 黄森慰. 我国大陆东南沿海地带生态效率的静态与动态分析

[J].石家庄铁道大学学报（社会科学版），2017，11（2）：17-21.

[56]漆俊.基于DEA的江西省区域生态效率有效性研究［J］.萍乡学院学报，2018，35（1）：31-35.

[57]李闪闪.基于超效率DEA的中国生态效率评价与优化［J］.农业科学研究，2018，39（1）：32-39.

[58]狄乾斌，梁倩颖.中国海洋生态效率时空分异及其与海洋产业结构响应关系识别［J］.地理科学，2018，38（10）：1606-1615.

[59]付丽娜，陈晓红，冷智花.基于超效率DEA模型的城市群生态效率研究：以长株潭"3+5"城市群为例［J］.中国人口资源与环境，2013，23（4）：169-175.

[60]戴志敏，罗燕.长江三角洲16地市产业结构与就业变动的协调度分析［J］.经济经纬，2016（2）：125-130.

[61]郭露，徐诗倩.基于超效率DEA的工业生态效率：以中部六省2003—2013年数据为例［J］.经济地理，2016，36（6）：116-121.

[62] DESIMONE L D, POPOFF F. Eco-efficiency: the business link to sustainable development ［J］. MIT press books, 2000, 1 (2): 220-221.

[63] DAHLSTRÖM K, EKINS P. Eco-efficiency trends in the UK steel and aluminum industries ［J］. Journal of industrial ecology, 2005, 9 (4): 171-188.

[64] HUPPES G, DAVIDSON M D, KUYPER J, et al. Eco-efficient environmental policy in oil and gas production in the Netherlands ［J］. Ecological economics, 2007, 61 (1): 43-51.

[65] HAHN T, FIGGE F, LIESEN A, et al. Opportunity cost based analysis of corporate eco-efficiency: a methodology and its application to the CO_2-efficiency of German companies ［J］. Journal of environmental management, 2010, 91 (10): 1997-2007.

[66] DAVÉ A, SALONITIS K, BALL P, et al. Factory eco-efficiency modelling: framework application and analysis ［J］. Procedia CIRP, 2016, 40: 214-219.

[67] CANEGHEM J V, BLOCK C, HOOSTE H V, et al. Eco-efficiency trends of the Flemish industry: decoupling of environmental impact from economic growth ［J］. Journal of cleaner production, 2010, 18 (14): 1349-1357.

[68] GOLANY B, ROLL Y, RYBAK D. Measuring efficiency of power plants in lsrael by data envelopment analysis ［J］. IEEE transactions on engineering management, 1994, 41 (3): 291-301.

［69］ KORHONEN P J, LUPTACIK M. Eco-efficiency analysis of power plants：an extension of data envelopment analysis ［J］. European journal of operational research, 2004, 154（2）：437-446.

［70］ STEVELS A. Eco-efficiency of take-back systems of electronic products ［C］. IEEE International Symposium on Electronics & the Environment, 1999.

［71］ 戴铁军, 陆钟武. 钢铁企业生态效率分析 ［J］. 东北大学学报（自然科学版）, 2005, 26（12）：1168-1173.

［72］ 岳媛媛, 苏敬勤. 生态效率：国外的实践与我国的对策 ［J］. 科学研究, 2004, 22（2）：170-173.

［73］ 陈琪. 生态效率与企业可持续发展：基于宝钢 2006—2011 年度可持续发展报告的解析 ［J］. 华东经济管理, 2014（3）：39-44.

［74］ 巩芳, 胡艺. 矿产资源开发生态补偿主体之间的博弈分析 ［J］. 矿业研究与开发, 2015（3）：93-97.

［75］ 杨红娟, 张成浩. 企业技术创新对生态效率提升的有效性研究 ［J］. 经济问题, 2016（12）：71-76.

［76］ HUISMAN J, STEVELS A L N, STOBBE I. Eco-efficiency considerations on the end-of-life of consumer electronic products ［J］. IEEE transactions on electronics packaging manufacturing, 2004, 27（1）：9-25.

［77］ AOE T. Eco-efficiency and ecodesign in electrical and electronic products ［J］. Journal of cleaner production, 2007, 15（15）：1406-1414.

［78］ BARBAGUTIÉRREZ Y, ADENSODÍAZ B, LOZANO S. Eco-efficiency of electric and electronic appliances：a data envelopment analysis（DEA）［J］. Environmental modeling & assessment, 2008, 14（4）：439-447.

［79］ SARKIS J. Eco-efficiency of solid waste management in Welsh SMEs ［J］. Proceedings of SPIE-The International Society for Optical Engineering, 2005.

［80］ HELLWEG S, DOKA G, FINNVEDEN G, et al. Assessing the eco-efficiency of end-of-pipe technologies with the environmental cost efficiency indicator ［J］. Journal of industrial ecology, 2010, 9（4）：189-203.

［81］ BRIBIÁN I Z, CAPILLA A V, USÓN A A. Life cycle assessment of building materials：comparative analysis of energy and environmental impacts and evaluation of the eco-efficiency improvement potential ［J］. Building & environment, 2011, 46（5）：1133-1140.

[82] ZHU Z, KE W, BING Z. Applying a network data envelopment analysis model to quantify the eco-efficiency of products: a case study of pesticides [J]. Journal of cleaner production, 2014, 69: 67-73.

[83] PARK P J, TAHARA K, JEONG I T, et al. Comparison of four methods for integrating environmental and economic aspects in the end-of-life stage of a washing machine [J]. Resources conservation & recycling, 2006, 48 (1): 71-85.

[84] SILALERTRUKSA T, GHEEWALA S H, PONGPAT P, et al. Sustainability assessment of sugarcane biorefinery and molasses ethanol production in Thailand using eco-efficiency indicator [J]. Applied energy, 2015, 160: 603-609.

[85] DYAH I R, SRIYANTO, DIANA P S, et al. Eco-efficiency analysis of furniture product using life cycle assessment [J]. E3S Web of Conferences, 2018, 31: 08005.

[86] ULLAH A, PERRET S R, GHEEWALA S H, et al. Eco-efficiency of cotton-cropping systems in Pakistan: an integrated approach of life cycle assessment and data envelopment analysis [J]. Journal of cleaner production, 2016, 134: 623-632.

[87] MORIOKA T, TSUNEMI K, YAMAMOTO Y, et al. Eco-efficiency of advanced loop-closing systems for vehicles and household appliances in Hyogo eco-town [J]. Journal of industrial ecology, 2005, 9 (4): 17.

[88] 吴小庆, 徐阳春, 陆根法. 农业生态效率评价: 以盆栽水稻实验为例 [J]. 生态学报, 2008, 29 (5): 2481-2488.

[89] 王丽莉, 杨婷婷, 许荔珊. "一带一路" 倡议下农业生态效率对比研究: 以中国和东盟10国为例 [J]. 世界农业, 2018 (4): 98-103.

[90] 王宝义, 张卫国. 中国农业生态效率测度及时空差异研究 [J]. 中国人口资源与环境, 2016, 26 (6): 11-19.

[91] 王宝义, 张卫国. 中国农业生态效率的省际差异和影响因素: 基于 1996—2015 年31个省份的面板数据分析 [J]. 中国农村经济, 2018 (1): 46-62.

[92] 潘丹, 应瑞瑶. 中国农业生态效率评价方法与实证: 基于非期望产出的 SBM 模型分析 [J]. 生态学报, 2013, 33 (12): 3837-3845.

[93] 程翠云, 任景明, 王如松. 我国农业生态效率的时空差异 [J]. 生态学报, 2014, 34 (1): 142-148.

[94] 洪开荣, 陈诚, 丰超, 等. 农业生态效率的时空差异及影响因素 [J]. 华南农业大学学报 (社会科学版), 2016, 15 (2): 31-41.

[95] 许朗, 罗东玲, 刘爱军. 中国粮食主产省 (区) 农业生态效率评价与

比较：基于 DEA 和 Malmquist 指数方法 [J]. 湖南农业大学学报（社会科学版），2014（4）：76-82.

[96] 刘志成，张晨成. 湖南省农业生态效率评价研究：基于 SBM-Undesirable 模型与 CCR 模型的对比分析 [J]. 中南林业科技大学学报（社会科学版），2015, 9（6）：32-36.

[97] 张子龙，鹿晨昱，陈兴鹏，等. 陇东黄土高原农业生态效率的时空演变分析：以庆阳市为例 [J]. 地理科学，2014, 34（4）：472-478.

[98] 吴小庆，王亚平. 基于 AHP 和 DEA 模型的农业生态效率评价：以无锡市为例 [J]. 长江流域资源与环境，2012, 21（6）：714.

[99] 郑家喜，杨东. 基于 DEA-Malmquist 分析法的农业生态效率测算研究：以长江中游四省份为例 [J]. 湖北社会科学，2016（9）：65-71.

[100] 郑德凤，郝帅，吕乐婷. 中国大陆生态效率时空演化分析及其趋势预测 [J]. 地理研究，2018, 37（5）：190-202.

[101] 侯孟阳，姚顺波. 1978—2016 年中国农业生态效率时空演变及趋势预测 [J]. 地理学报，2018, 73（11）：120-135.

[102] 朱付彪，方一平，宜树华，等. 江河源区高寒草地畜牧业生态效率及影响因素 [J]. 中国环境科学，2017, 37（1）：310-318.

[103] WILLISON J H M, CÔTÉ R P. Counting biodiversity waste in industrial eco-efficiency: fisheries case study [J]. Journal of cleaner production, 2009, 17 (3): 348-353.

[104] 高峰，王金德，郭政. 我国区域工业生态效率评价及 DEA 分析 [J]. 中国人口资源与环境，2011, 21（7）：318-321.

[105] MANCKE R G, GAVIN T A. Breeding bird density in woodlots: effects of depth and buildings at the edges [J]. Ecological applications, 2000, 10 (2): 598-611.

[106] VAN BERKEL R. Eco-efficiency in the Australian minerals processing sector [J]. Journal of cleaner production, 2007, 15 (8/9): 772-781.

[107] KHAREL G P, CHARMONDUSIT K. Eco-efficiency evaluation of iron rod industry in Nepal [J]. Journal of cleaner production, 2008, 16 (13): 1379-1387.

[108] CHARMONDUSIT K, KEARTPAKPRAEK K. Eco-efficiency evaluation of the petroleum and petrochemical group in the map Ta Phut Industrial Estate, Thailand [J]. Journal of cleaner production, 2011, 19 (2/3): 241-252.

[109] 姜孔桥, 马永红, 李滢, 等. 石化行业生态效率研究 [J]. 现代化工, 2009, 29 (3): 80-84.

[110] 贾卫平. 循环经济模式下的新疆氯碱化工产业生态效率评价研究 [D]. 石河子: 石河子大学, 2016.

[111] 王艳红, 叶文明. 电力工业与火电行业生态效率实证分析 [J]. 四川理工学院学报 (社会科学版), 2014 (4): 43-51.

[112] 王艳红, 叶文明. 计及碳排放的电力工业与火电行业生态效率实证分析 (2001—2011) [J]. 科技管理研究, 2015 (3): 215-219.

[113] HELMINEN R R. Developing tangible measures for eco-efficiency: the case of the Finnish and Swedish pulp and paper industry [J]. Business strategy & the environment, 2000, 9 (3): 196-210.

[114] MICHELSEN O, FET A M, DAHLSRUD A. Eco-efficiency in extended supply chains: a case study of furniture production [J]. Journal of environmental management, 2006, 79 (3): 290-297.

[115] 毛建素, 曾润, 杜艳春, 等. 中国工业行业的生态效率 [J]. 环境科学, 2010, 31 (11): 2788-2794.

[116] 胡嵩. 基于 MinDS 模型的中国工业生态效率测算及影响因素研究 [D]. 南京: 南京大学, 2016.

[117] 卢燕群, 袁鹏. 中国省域工业生态效率及影响因素的空间计量分析 [J]. 资源科学, 2017, 39 (7): 1326-1337.

[118] 汪东, 朱坦. 基于数据包络分析理论的中国区域工业生态效率研究 [J]. 生态经济 (中文版), 2011 (4): 24-28.

[119] 王震, 石磊, 刘晶茹, 等. 区域工业生态效率的测算方法及应用 [J]. 中国人口资源与环境, 2008, 18 (6): 121-126.

[120] 吕明元, 安媛媛. 基于环境约束的工业生态效率实证分析: 以山东省为例 [J]. 山东财经大学学报, 2014 (4): 43-49.

[121] 刘源月, 辛勤, 马玉洁, 等. 2012 年四川省工业生态效率分析 [J]. 成都大学学报 (社会科学版), 2014 (4): 27-31.

[122] 张卫枚, 方勤敏, 刘婷. 城市工业生态效率评价: 以湖南省为例 [J]. 城市问题, 2015 (3): 62-66.

[123] 刘晓萌, 孟祥瑞, 汪克亮. 城市工业生态效率测度与评价: 安徽的实证 [J]. 华东经济管理, 2016, 30 (8): 29-34.

[124] 庄静怡. 环境政策、技术创新与陕西省工业生态效率研究 [D]. 西

安：陕西师范大学，2011.

　　[125] GöSSLING S，PEETERS P，CERON J P，et al. The eco-efficiency of tourism [J]. Ecological economics，2005，54（4）：417-434.

　　[126] KELLY J，HAIDER W，WILLIAMS P W，et al. Stated preferences of tourists for eco-efficient destination planning options [J]. Tourism management，2007，28（2）：377-390.

　　[127] LI P，YANG G H. Ecological footprint study on tourism itinerary products in Shangri-La，Yunnan Province，China [J]. Acta ecologica sinica，2007，27（7）：2954-2963.

　　[128] YANG G H，LI P，ZHENG B，et al. GHG emission-based eco-efficiency study on tourism itinerary products in Shangri-La，Yunnan Province，China [J]. Acta ecologica sinica，2008，11（6）：604-622.

　　[129] 姚治国，陈田. 旅游生态效率模型及其实证研究 [J]. 中国人口资源与环境，2015，25（11）：113-120.

　　[130] 姚治国. 区域旅游生态效率实证分析：以海南省为例 [J]. 地理科学，2016，36（3）：417-423.

　　[131] 彭红松，章锦河，韩娅，等. 旅游地生态效率测度的 SBM-DEA 模型及实证分析 [J]. 生态学报，2017，37（2）：628-638.

　　[132] 杨德进，白长虹，牛会聪. 民族地区负责任旅游扶贫开发模式与实现路径 [J]. 人文地理，2016（4）：119-126.

　　[133] 蒋素梅，辛岭. 旅游业生态效率研究——以昆明市为例 [J]. 旅游研究，2014（2）：14-19.

　　[134] 甄翌. 基于温室气体排放的旅游目的地旅游生态效率研究：以张家界为例 [J]. 安徽农业科学，2013，41（8）：3485-3487.

　　[135] 刘佳，陆菊. 中国旅游产业生态效率时空分异格局及形成机理研究 [J]. 中国海洋大学学报（社会科学版），2016（1）：50-59.

　　[136] MELANEN M，KOSKELA S，MÄENPÄÄ I，et al. The eco-efficiency of regions-case Kymenlaakso：ECOREG project 2002-2004 [J]. Management of environmental quality an international journal，2004，15（1）：33-40.

　　[137] MICKWITZ P，MELANEN M，ROSENSTR M U，et al. Regional eco-efficiency indicators - a participatory approach [J]. Journal of cleaner production，2006，14（18）：1603-1611.

　　[138] JOLLANDS N，LERMIT J，PATTERSON M. Aggregate eco-efficiency

indices for New Zealand-a principal components analysis [J]. Journal of environmental management, 2004, 73 (4): 293-305.

[139] WURSTHORN S, POGANIETZ W R, SCHEBEK L. Economic environmental monitoring indicators for European countries: a disaggregated sector-based approach for monitoring eco-efficiency [J]. Ecological economics, 2011, 70 (3): 487-496.

[140] 陈傲. 中国区域生态效率评价及影响因素实证分析: 以2000—2006年省际数据为例 [J]. 中国管理科学, 2008, 16 (10): 566-570.

[141] 王恩旭. 基于超效率 DEA 模型的中国省际生态效率时空差异研究 [J]. 管理学报, 2011, 8 (3): 443.

[142] 邓波, 张学军, 郭军华. 基于三阶段 DEA 模型的区域生态效率研究 [J]. 中国软科学, 2011 (1): 92-99.

[143] 汪克亮, 孟祥瑞, 杨宝臣, 等. 基于环境压力的长江经济带工业生态效率研究 [J]. 资源科学, 2015, 37 (7): 1491-1501.

[144] 徐杰芳. 煤炭资源型城市绿色发展路径研究 [D]. 合肥: 安徽大学, 2018, 22 (5): 640.

[145] 白彩全, 黄芽保, 宋伟轩, 等. 省域金融集聚与生态效率耦合协调发展研究 [J]. 干旱区资源与环境, 2014, 28 (9): 1-7.

[146] 罗能生, 李佳佳, 罗富政. 中国城镇化进程与区域生态效率关系的实证研究 [J]. 中国人口资源与环境, 2013, 23 (11): 53-60.

[147] 梁星, 卓得波. 中国区域生态效率评价及影响因素分析 [J]. 统计与决策, 2017 (19): 143-147.

[148] 许罗丹, 张媛. 基于 DEA 模型的中国省际生态效率测度与影响因素分析 [J]. 河北经贸大学学报, 2018, 39 (4): 35-40.

[149] 张妍, 杨志峰. 北京城市物质代谢的能值分析与生态效率评估 [J]. 环境科学学报, 2007, 27 (11): 1892-1899.

[150] 黄和平, 伍世安, 智颖飙, 等. 基于生态效率的资源环境绩效动态评估: 以江西省为例 [J]. 资源科学, 2010, 32 (5): 924-931.

[151] QIN Z, WANG J W, ZHANG J E, et al. Eco-efficiency of circular economy development of Guangdong Province [J]. Chinese journal of eco-agriculture, 2010, 18 (2): 428-433.

[152] GUO X J, CHEN X P, ZHANG Z L, et al. Energy-based assessment for material metabolism and eco-efficiency of human-environmental system in Ningxia Hui

Autonomous Region [J]. Ecology and environment, 2009, 18 (3)：967−973.

[153] 李佳佳，罗能生.城市规模对生态效率的影响及区域差异分析 [J].中国人口资源与环境, 2016, 26 (2)：129−136.

[154] 李军龙，李应春，滕剑仑.基于 DEA−Malmquist 模型的海峡西岸经济区四省农业生态效率评价 [J].许昌学院学报, 2016, 35 (5)：115−120.

[155] 徐杰芳，田淑英，占沁嫣.中国煤炭资源型城市生态效率评价 [J].城市问题, 2016 (12)：87−95.

[156] 任宇飞，方创琳.京津冀城市群县域尺度生态效率评价及空间格局分析 [J].地理科学进展, 2017, 36 (1)：87−98.

[157] 吴小庆，王远，刘宁，等.基于生态效率理论和 TOPSIS 法的工业园区循环经济发展评价 [J].生态学杂志, 2008, 27 (12)：2203−2208.

[158] 商华，武春友.基于生态效率的生态工业园评价方法研究 [J].大连理工大学学报（社会科学版）, 2007, 28 (2)：25−29.

[159] 李小鹏.生态工业园产业共生网络稳定性及生态效率评价研究 [D].天津：天津大学, 2011.

[160] 刘晶茹，吕彬，张娜，等.生态产业园的复合生态效率及评价指标体系 [J].生态学报, 2014, 34 (1)：136−141.

[161] 杭洁.生态工业园区生态效率评价及应用：以江苏省吴江经济技术开发区为例 [J].北方经贸, 2017 (1) 0：104−106.

[162] 袁汝华，郝方.基于超效率 DEA−Tobit 模型的园区循环化改造生态效率评价：以江苏省示范试点园区为例 [J].哈尔滨商业大学学报（社会科学版）, 2018 (4)：17−27.

[163] 马新忠.评估新疆资源与环境 [J].中国投资, 2011 (6)：40−42.

[164] 陆卫国.新疆煤炭资源可持续开发利用及对策研究 [D].阜新：辽宁工程技术大学, 2008.

[165] 朱磊.新疆旅游资源开发潜力研究 [D].乌鲁木齐：新疆大学, 2011.

[166] CHARNES A, COOPER W W, RHODES E. Measuring the efficiency of decision making units [J]. European journal of operational research, 1978, 2 (6)：429−444.

[167] COOK W D, SEIFORD L M. Data envelopment analysis (DEA) −thirty years on [J]. European journal of operation research, 2009, 192 (1)：1−17.

[168] LIU J S, LU L Y Y, LU W M, et al. Data envelopment analysis 1978−

2010: a citation-based literature survey [J]. Omega, 2013, 41 (1): 3-15.

[169] 尹科, 王如松, 周传斌, 等. 国内外生态效率核算方法及其应用研究述评 [J]. 生态学报, 2012, 32 (11): 3595-3605.

[170] CHARNES A, COOPER W W. Programming with linear fractional functionals [J]. Naval research logistics, 2010, 9 (3/4): 181-186.

[171] ANDERSEN P, PETERSEN N C. A procedure for ranking efficient units in data envelopment analysis [J]. Management science, 1993, 39 (10): 1261-1264.

[172] MALMQUIST S. Index numbers and indifference surfaces [J]. Trabajos de estadistica, 1953, 4 (2): 209-242.

[173] RICHARD E. Multinational enterprise and economic analysis [M]. London: Cambridge University Press, 1982.

[174] FÄRE R, GROSSKOPF S. Intertemporal production frontiers: with dynamic DEA [J]. Journal of the operational research society, 1997, 48 (6): 656-656.

[175] COELLI T. A multi-stage methodology for the solution of orientated DEA models [J]. Operations research letters, 1998, 23 (3/4/5): 143-149.

[176] 聂弯, 于法稳. 农业生态效率研究进展分析 [J]. 中国生态农业学报, 2017, 25 (9): 1371-1380.

[177] 程晓娟, 韩庆兰, 全春光. 基于 PCA-DEA 组合模型的中国煤炭产业农业生态效率研究 [J]. 资源科学, 2013, 35 (6): 180-187.

[178] 王微, 林剑艺, 崔胜辉, 等. 基于农业生态效率的城市可持续性评价及应用研究 [J]. 环境科学, 2010, 31 (4): 1108-1113.

[179] 刘勇, 李志祥, 李静. 环境效率评价方法的比较研究 [J]. 数学的实践与认识, 2010, 40 (1): 84-92.

[180] 马海良, 黄德春, 姚惠泽. 中国三大经济区域全要素能源效率研究: 基于超效率 DEA 模型和 Malmquist 指数 [J]. 中国人口·资源与环境, 2011, 21 (11): 38-43.

[181] 张健, 杨佳伟, 崔海洋. 基于网络 DEA 模型的我国区域农业生态效率评价研究 [J]. 软科学, 2016, 30 (8): 15-19.

[182] 张风丽. 兵团第八师农业生产效率的测算与分析: 基于 DEA-Malmquist 指数分解法 [J]. 新疆农垦经济, 2016 (11): 28-34.

[183] 贾卫平, 吴玲. 农业生态效率评价及影响因素研究: 以新疆兵团农

业为例 [J]. 安徽农业大学学报（社会科学版），2017，26（1）：23-29.

［184］董一慧. 黑龙江省农业生态效率评价研究 [D]. 哈尔滨：哈尔滨理工大学，2018.

［185］梁流涛. 农村生态环境时空特征及其演变规律研究 [D]. 南京：南京农业大学，2009.

［186］陈敏鹏，陈吉宁，赖斯芸. 中国农业和农村污染的清单分析与空间特征识别 [J]. 中国环境科学，2006，26（6）：751-755.

［187］吴贤荣，张俊飚，田云，等. 中国省域农业碳排放：测算、效率变动及影响因素研究——基于 DEA-Malmquist 指数分解方法与 Tobit 模型运用 [J]. 资源科学，2014，36（1）：129-138

［188］韩海彬. 中国农业环境技术效率及其影响因素分析 [J]. 经济与管理研究，2013（9）：61-68.

［189］肖新成，何丙辉，倪九派，等. 三峡生态屏障区农业面源污染的排放效率及其影响因素 [J]. 中国人口资源与环境，2014，24（11）：60-68.

［190］王丽影. 低碳视角下农业生态效率及影响因素研究：以长江经济带为例 [D]. 南昌：江西财经大学，2017.

［191］贾军. 基于东道国环境技术创新的 FDI 绿色溢出效应研究：制度环境的调节效应 [J]. 软科学，2015，29（3）：28-32.

［192］高志刚，尤济红. 后发展省区生态效率优化研究：以新疆为例 [J]. 开放导报，2014，172（1）：20-24.

［193］李栋雁，董炳南. 山东省区域生态效率研究 [J]. 资源节约与环保，2010（4）：68-70.

［194］白世秀. 黑龙江省区域生态效率评价研究 [D]. 哈尔滨：东北林业大学，2011.

［195］何宜庆，陈林心，焦剑雄，等. 金融集聚的时空差异与省域生态效率关系研究 [J]. 数理统计与管理，2017，36（36）：174.

［196］DYCKHOFF H, ALLEN K. Measuring ecological efficiency with data envelopment analysis (DEA) [J]. European journal of operational research, 2001, 132 (2): 312-325.

［197］SEIFORD L M, ZHU J. A response to comments on modelling undesirable factors in efficiency evaluation [J]. European journal of operational research, 2005, 161 (2): 579-581.

［198］OGGIONI G, RICCARDI R, TONINELLI R. Eco-efficiency of the world cement industry：a data envelopment analysis［J］. Energy policy, 2011, 39 (5)：2842-2854.

［199］车国庆. 中国地区生态效率研究测算方法时空演变及影响因素［D］. 长春：吉林大学, 2018.

［200］KAMIUTO K. A simple global carbon-cycle model［J］. Energy, 1994, 19 (8)：825-829.

［201］FäRE R, GROSSKOPF S, PASURKA C A. Environmental production functions and environmental directional distance functions：a joint production comparison［J］. Energy, 2007, 32 (7)：1055-1066.

［202］王晓岭, 于惊涛, 武春友. 国际资源效率研究进展与演化趋势述评［J］. 管理学报, 2013, 10 (10)：1553-1560.

［203］郭腾云, 徐勇, 王志强. 基于 DEA 的中国特大城市资源效率及其变化［J］. 地理学报, 2009, 64 (4)：408-416.

［204］林锦彬, 刘飞翔, 郑金贵. 我国山区县农业生态效率评价与改善研究：以福建大田县为研究区域［J］. 科技管理研究, 2015, 35 (23)：59-63.

［205］朱南, 刘一. 中国地区新型工业化发展模式与路径选择［J］. 数量经济技术经济研究, 2009, 26 (5)：3-16.

［206］李海东, 王善勇. "两型"社会建设中生态效率评价及影响因素实证分析：以 2006—2009 年省级面板数据为例［J］. 电子科技大学学报（社会科学版）, 2012 (6)：72-77.

［207］梁星, 卓得波. 中国区域生态效率评价及影响因素分析［J］. 统计与决策, 2017 (19)：143-147.

致谢

本书即将付梓。此刻心情复杂，甜蜜中带着一丝苦涩，回味无穷。6年博士生涯，像一场马拉松赛，经历了中途最难熬的动摇，经历了接近终点最后冲刺阶段的艰辛，是坚持和信念让我咬牙冲到了终点。

这份成就离不开自己的坚持、刻苦和勤奋，更离不开新疆大学资源与环境科学学院、干旱生态环境研究所各位老师和同学的帮助。首先，要感谢我的导师吕光辉教授多年来对我学术上的指导和帮助，以及关键时刻的鞭策和激励。导师治学严谨、学识渊博、为人谦和，在我6年学习期间，对我悉心指导和帮助，根据我一边工作一边学习的特殊性，制订了相应的学习方案，使我能够在读博士期间做到工作和学习两不误，每周一次的实验室例会讲座使我受益匪浅，浓厚的学术氛围使我思想始终保持在学术前沿状态，为我顺利完成学业和博士论文奠定了坚实的基础。其次，感谢滕德雄博士在软件应用上给予的指导和帮助；感谢资源与环境科学学院研究生办的茹克娅·阿布都克力木老师、干旱生态环境研究所科研办的张雪妮博士在学习进程上给予的督促、指导和帮助；感谢资源与环境科学学院、干旱生态环境研究所的各位老师在我学习期间和论文写作期间给予我的关怀、教导和鼓励；感谢实验室的师兄弟、师姐妹们对我学业上的鼓励、支持和帮助；感谢单位领导对我读博的支持。十分感谢我的父母、爱人对我的理解、支持和默默奉献——使我能专心完成6年博士学习和论文写作。最后，对百忙之中抽出时间评审我毕业论文的老师，以及到现场参加我论文答辩的老师们和同学们致以衷心的感谢！

站在这一新的起点，我将在以后的学习和工作中继续努力，用我的优异成绩来回报你们的帮助、信任和支持。

周旭东

2021 年 1 月于泸州